全国机械类职业岗位技能培训系列教材

钳 工
基本技能

主 编 彭 敏 邸晓非
副主编 李玉宏
参 编 张利梅 徐秀兰 孔祥明 石立侠 王 旸
　　　　周 亮 张 影 程世敏 温立英 汪洪宇
主 审 肖 鹏

机械工业出版社

本书是根据国家劳动和社会保障部制定的《钳工国家职业标准》初级技术工人等级标准编写的。

本书从钳工操作的基础知识入手,首先介绍了机械制图、公差与配合、金属材料与热处理及其他相关基础知识,力求做到深入浅出、言简意赅;然后对钳工的划线、錾削、锯削、锉削、孔加工、攻螺纹与套螺纹、矫正与弯形、刮削、研磨和锉配等操作技能进行了较为详细的叙述。每种操作技能除了讲述相应的理论知识之外,同时还配有典型操作案例,充分体现了钳工理论与实践并重的职业特点。全书图文并茂,简洁直观,通俗易懂,便于查阅,可为初学者尽快进入工作状态和进行后续的深入学习打好基础。

本书适合作为中等职业学校机械制造及相关专业理实一体化教材、相关岗位技能培训教材,也可作为机械制造企业技术工人参考用书,还可作为农民工的上岗就业培训教材。

图书在版编目(CIP)数据

钳工基本技能/彭敏,邸晓非主编. —北京:机械工业出版社,2012. 12
全国机械类职业岗位技能培训系列教材
ISBN 978-7-111-41114-7

Ⅰ. ①钳… Ⅱ. ①彭…②邸… Ⅲ. ①钳工—技术培训—教材 Ⅳ. ①TG9

中国版本图书馆 CIP 数据核字(2013)第 008041 号

机械工业出版社(北京市百万庄大街22号 邮政编码100037)
策划编辑:汪光灿 责任编辑:汪光灿 王海霞
版式设计:张 薇 责任校对:张玉琴 常天培
封面设计:赵颖喆 责任印制:张 楠
北京振兴源印务有限公司印刷
2013 年 4 月第 1 版第 1 次印刷
184mm×260mm · 11.5 印张 · 282 千字
0001 – 3000 册
标准书号:ISBN 978-7-111-41114-7
定价:23.00 元

前　言

　　本书是依据《钳工国家职业标准》，并结合编者多年的教学经验，以及企业对钳工的职业技能要求编写的。其主要特点如下：

　　1）在内容的选取上，涵盖了钳工所涉及的大部分基础理论知识及专业知识，由浅入深，循序渐进，使读者能够轻松地掌握。案例选择具有典型性，包括了钳工技能考级最常见的锉配知识，使读者能较为全面地掌握钳工基本操作技能。在内容的处理上，以职业能力为主，拓宽知识面，紧密结合生产实践，力求条理清晰，删除了不必要的理论讲解和公式推导，便于组织教学和自学。

　　2）在编写原则上，突出以职业能力为核心。本书的编写贯穿"以职业标准为依据，以就业为导向，以职业能力为本位"的理念，依据国家职业标准，结合企业实际，反映岗位需求，突出新知识、新技术、新工艺和新方法，注重对职业能力培养，并收集、整理了部分在教学实践中实际应用的教学案例，力求使本书具有较鲜明的时代特征。

　　3）在编写模式上，本书按照理实一体化的模式编写，图文并茂，以图示为主，文字通俗易懂。内容编排上采用单元模式，每个单元都有明确的学习目标，便于读者把握重点。针对学习目标展开相关知识的介绍及技能训练，并给出了每个案例的任务评分表，以供教学参考。

　　本书所列案例按工作步骤编写，包括案例分析、实训准备、操作步骤、注意事项和评分标准几部分。指导教师对知识点的介绍应视任务内容和知识点要求不同而采用多种形式。在钳工训练场地，应设操作区和学习讨论区。

　　本书由长春市机械工业学校彭敏、邸晓非任主编，肖鹏任主审。张利梅、徐秀兰、石立侠编写了单元一，孔祥明、周亮、张影编写了单元二，汪洪宇、程世敏、王旸、温立英编写了单元三，彭敏编写了单元四至十，邸晓非编写了单元十一至十六。吉林省建研建筑设计有限公司工程师李玉宏指导了全部案例的编写。

　　鉴于编者水平有限，书中难免存在缺点和错误，切望读者和同仁批评指正。

编　者

目 录

前言

上篇 基础篇

下篇 实践篇

上篇　基　础　篇

钳工机械制图基础知识

学习目标

1. 掌握正投影法的基本理论和作图方法。
2. 能够执行机械制图国家标准及相关的行业标准。
3. 具有识读和绘制简单零件图的基本能力。
4. 具有一定的空间想象能力，能从零件图和装配图上正确识读工件的形状、尺寸、技术要求等信息。

第一节　正投影法和三视图

一、机械图样及其相关规定

1. 机械图样

在机械制造业中，能够准确地表达物体的形状、尺寸及其技术要求的图称为机械图样。根据在机械制造过程中所起作用不同，机械图样分为零件图和装配图。零件图是表达零件的结构、形状、大小及有关技术要求的图样，是零件加工的依据。装配图是表达组成机器各零件之间的连接方式和装配关系的图样，只有根据装配图所表达的装配关系和技术要求，把合格的零件装配在一起，才能制造出机器。也就是说，制造机器时，要根据零件图加工零件，再按照装配图把零件装配成机器。由此可见，机械图样是工业生产中重要的技术文件，是进行技术交流的重要工具，因此被称为工程界的技术语言。

图 1-1 所示为一张零件图，它用一组平面图形来表达物体的形状，图上附有零件各部分的尺寸和各项技术要求。在零件图的右下角有标题栏。

2. 图线

物体的形状在图样上是用各种不同的图线画成的。为了使图样清晰和便于读图，国家标准《机械制图》对图线作了规定。绘制图样时，应采用表 1-1 中规定的图线。

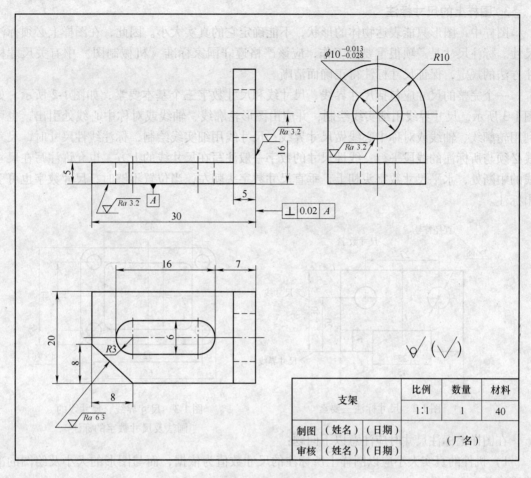

图 1-1　机械图样

表 1-1　常用线型的名称、形式及应用

线型名称	图线形式	应　　用
实线		可见轮廓线、相贯线等
		尺寸线、尺寸界线、剖面线、指引线等
细虚线		不可见轮廓线
细点画线		轴线、对称中心线等
粗点画线		限定范围表示线
细双点画线		极限位置轮廓线、假想投影轮廓线、中断线等
双折线		断裂处的边界线等
波浪线		断裂处的边界线、视图与剖视图的分界线

3. 图样上的尺寸标注

图样中，图形只能表达物体的形状，不能确定它的真实大小。因此，在图样上必须标注尺寸。标注尺寸是一项很重要的工作，应该严格遵守国家标准《机械制图》中有关尺寸标注方法的规定，保证尺寸标注得正确而清晰。

一个完整的尺寸应包括尺寸界线、尺寸线和尺寸数字三个基本要素，如图1-2所示。如图1-3所示，尺寸界线用细实线绘制，并应由图形轮廓线、轴线或对称中心线处引出，也可利用轮廓线、轴线或对称中心线做尺寸界线；尺寸线用细实线绘制，标注线性尺寸时，尺寸线必须与所标注的线段平行；线性尺寸的数字一般注写在尺寸线的上方，也允许注写在尺寸线的中断处，水平尺寸数字头朝上，垂直尺寸数字头朝左，当位置不够时，尺寸数字也可引出标注。

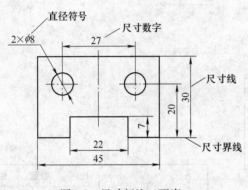

图1-2　尺寸标注三要素

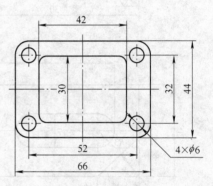

图1-3　尺寸界线、尺寸线的
画法及尺寸数字的标注

在图样上标注尺寸时应注意以下问题：

1）机件的真实大小应以图样上所标注的尺寸数值为依据，而与图形的大小及绘图的准确度无关。

2）当图样中（包括技术要求和其他说明）的尺寸以毫米为单位时，不需标注计量单位的代号或名称；如采用其他单位，则必须注明相应计量单位的代号或名称。

3）图样中所标注的尺寸为该图样所示机件的最后完工尺寸，否则应另加说明。

4）机件的每一尺寸一般只标注一次，并应标注在反映该结构最清晰的图形上。

4. 图纸幅面

绘制图样时，应优先选用表1-2所规定的幅面尺寸。

表1-2　图纸幅面尺寸　　　　　　　　　　　　　　　　（单位：mm）

幅面代号	A0	A1	A2	A3	A4
$B \times L$	841×1189	594×841	420×594	297×420	210×297
a	25				
c	10			5	
e	20		10		

无论图样是否装订，均应画出图框，其格式如图1-4所示。图框右下角必须有标题栏。国家标准《机械制图》对标题栏已作统一规定，如图1-5所示。标题栏中的文字方向为读图方向。

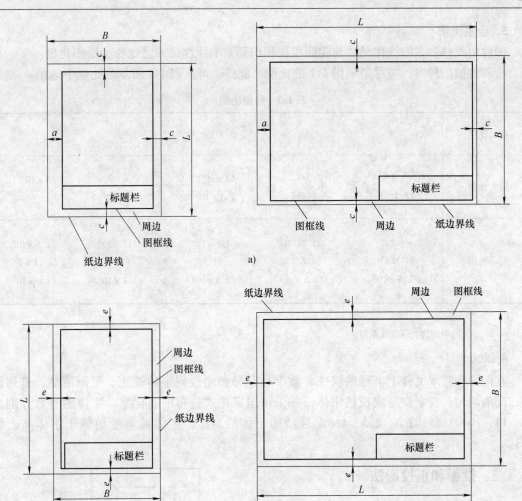

图1-4 图框格式

a) 有装订边 b) 无装订边

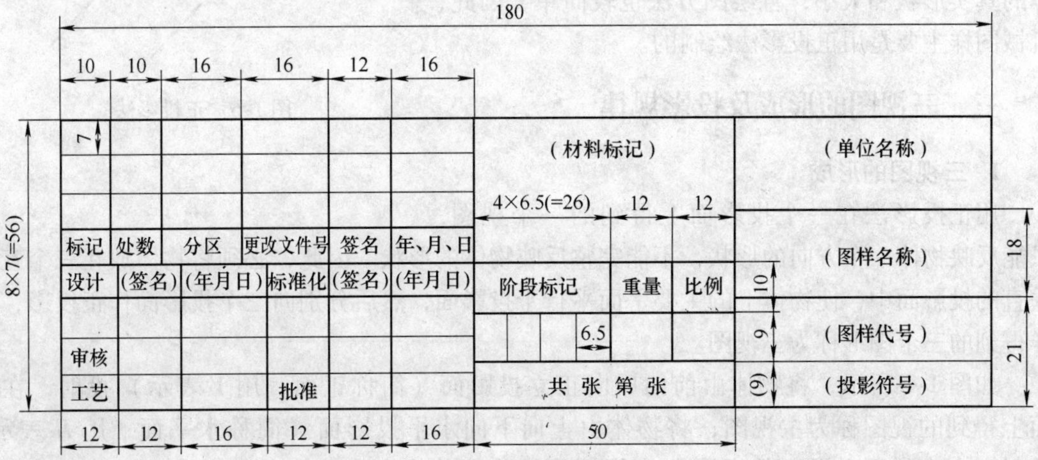

图1-5 标题栏格式

5. 绘图比例

图样中机件要素的线性尺寸与实际机件相应要素的线性尺寸之比称为绘图比例。

绘制机械图样时，应尽量采用1:1的比例。此外，可从表1-3所示的比例中选用。

表1-3　绘图比例

原值比例	1:1				
放大比例	2:1 (2.5:1)	5:1 (4:1)	$1 \times 10^n:1$ $2.5 \times 10^n:1$	$2 \times 10^n:1$ $(4 \times 10^n:1)$	$5 \times 10^n:1$
缩小比例	1:2 (1:1.5) $(1:1.5 \times 10^n)$	1:5　1:10 (1:2.5) $(1:2.5 \times 10^n)$	$1:1 \times 10^n$ (1:3) $(1:3 \times 10^n)$	$1:2 \times 10^n$ (1:4) $(1:4 \times 10^n)$	$1:5 \times 10^n$ (1:6) $(1:6 \times 10^n)$

注：1. n 为正整数。

　　2. （　）中的为允许选择系列。

6. 字体

在图样和技术文件上书写的汉字、数字和字母必须做到字体端正、笔画清楚、排列整齐、间隔均匀。汉字应写成长仿宋体，并采用国家正式公布的简化字。字体的号数分别为20、14、10、7、5、3.5、2.5、1.8。号数即字体的高度，字体的宽度约等于字体高度的2/3。

二、投影和正投影法

光线（投射线）照射物体时，会在地上或墙上（投影面）产生影子，这种现象称为投影。一组互相平行的投射线与投影面垂直所得到的投影称为正投影，如图1-6所示。正投影法得到的投影图能表达物体的真实形状和大小，且绘图方法也较简单，因此，机械图样主要是用正投影法绘制的。

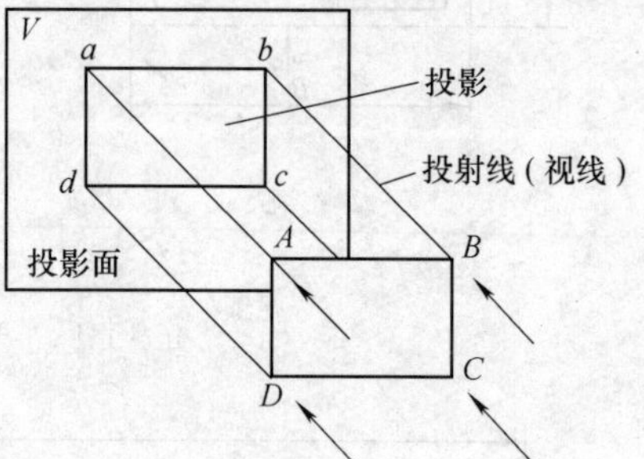

图1-6　正投影法

三、三视图的形成及投影规律

1. 三视图的形成

用正投影法在一个投影面上得到的一个视图，只能反映物体一个方向的形状，不能完整反映物体的形状。因此，必须将物体放在三个互相垂直的投影面中，使物体上的主要平面平行于投影面，然后分别向三个投影面作正投影，这样得到的三个图形称为三视图。

如图1-7所示，将物体由前向后向正立投影面（简称正面，用 V 表示）投射，在正面上得到的视图称为主视图；将物体由上向下向水平投影面（简称水平面，用 H 表示）投射，在水平面上得到的视图称为俯视图；将物体由左向右向侧立投影面（简称侧面，

用 W 表示）投射，在侧面上得到的视图称为左视图。

如图 1-8a 所示，三个互相垂直的投影面构成三面投影体系，两个投影面的交线 OX、OY、OZ 称为投影轴。三个投影轴相交于一点 O，称为原点。为了将物体的三个视图画在一张图纸上，须将三个投影面展开到一个平面上。如图 1-8b 所示，规定正面不动，将水平面和侧面沿 OY 轴分开，并将水平面绕 OX 轴向下旋转 $90°$，将侧面绕 OZ 轴向右旋转 $90°$。旋转后，俯视图在主视图的下方，左视图在主视图的右方。画三视图时不必画出投影面的边框，所以可去掉边框，得到如图 1-8c 所示的三视图。

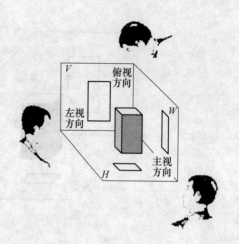

图 1-7 三视图的形成

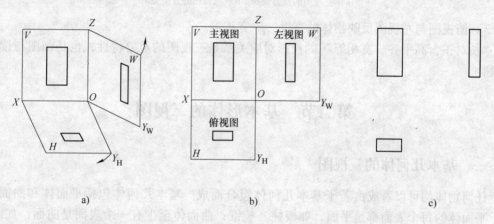

图 1-8 三视图的展开

2. 三视图的投影规律和方位关系

物体有长、宽、高三个方向的大小。通常规定：物体左右之间的距离为长，前后之间的距离为宽，上下之间的距离为高。从图 1-9a 可以看出，一个视图只能反映物体两个方向的大小：主视图反映物体的长和高，俯视图反映物体的长和宽，左视图反映物体的宽和高。由上述三个投影面的展开过程可知，俯视图在主视图的下方，对应的长度相等，且左右两端对正，即主、俯视图相应部分的连线为互相平行的竖直线；同理，左视图与主视图的高度相等且对齐，即主、左视图相应部分在同一条水平线上；左视图与俯视图均反映物体的宽度，所以俯、左视图对应部分的宽度应相等。

物体有上、下、左、右、前、后六个方位，从图 1-9b 可以看出：主视图反映物体的上、下和左、右的相对位置关系；俯视图反映物体的前、后和左、右的相对位置关系；左视图反映物体的前、后和上、下的相对位置关系。

根据上述三视图之间的投影关系，可归纳出以下三条投影规律：

1）主视图与俯视图反映物体的长度——长对正。

2）主视图与左视图反映物体的高度——高平齐。

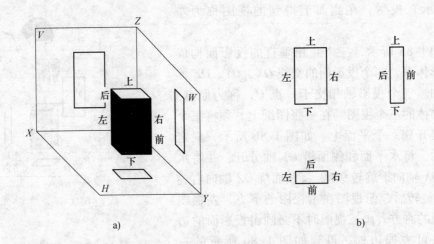

图 1-9　三视图的投影规律和方位关系

a) 三视图的投影规律　b) 三视图的方位关系

3) 俯视图与左视图反映物体的宽度——宽相等。

"长对正、高平齐、宽相等"的投影对应关系是三视图的重要特性，也是画图与读图的依据。

第二节　基本形体的三视图

一、基本几何体的三视图

任何物体均可以看成由若干基本几何体组合而成。基本几何体包括平面体和曲面体两类。平面体的每个表面都是平面，如棱柱、棱锥；曲面体至少有一个表面是曲面，如圆柱、圆锥、圆球和圆环等。几种常见基本几何体的三视图见表1-4。

表 1-4　常见基本几何体的三视图

名　称	定　义	投影特征
棱柱	有两个面互相平行，其余各面都是四边形，并且每相邻两个四边形的公共边都相互平行，由这些面围成的几何体称为棱柱	
棱锥	有一个面是多边形，其余各面是有一个公共顶点的三角形，由这些面围成的几何体称为棱锥	

（续）

名 称	定 义	投影特征
圆柱	以矩形的一边为旋转轴，其余各边绕其旋转而形成的曲面所围成的几何体称为圆柱	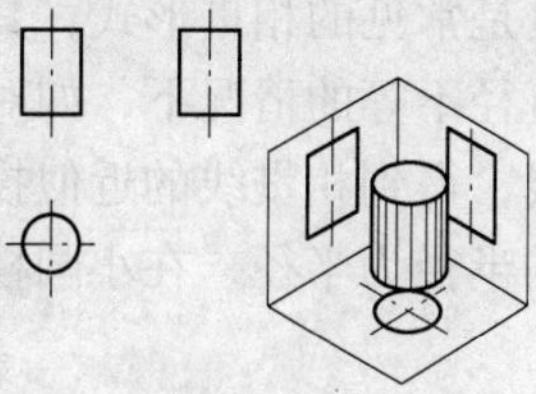
圆锥	以直角三角形的一直角边为旋转轴，其余各边绕其旋转而形成的曲面所围成的几何体称为圆锥	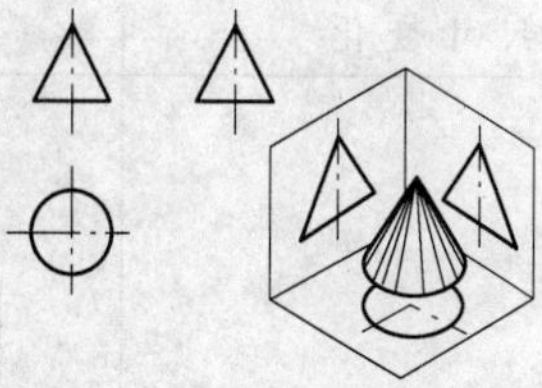

二、切割体的三视图

用平面切割基本几何体时，平面与基本几何体表面的交线称为截交线，该平面称为截平面。

1. 圆柱的切割

圆柱被平面切割后产生的截交线有矩形、圆和椭圆三种情况，见表1-5。

表1-5 平面与圆柱的截交线

截平面的位置	平行于轴线	垂直于轴线	倾斜于轴线
截交线的形状	矩形	圆	椭圆
立体图	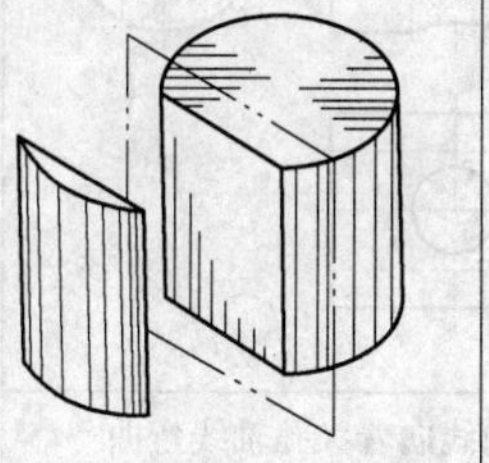	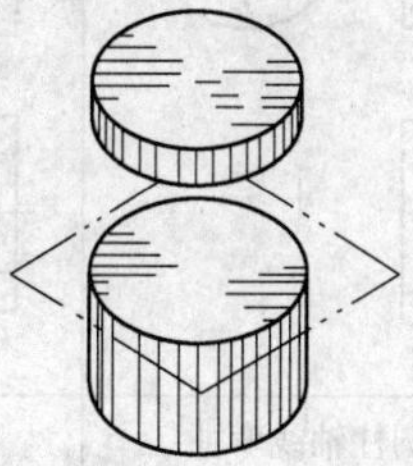	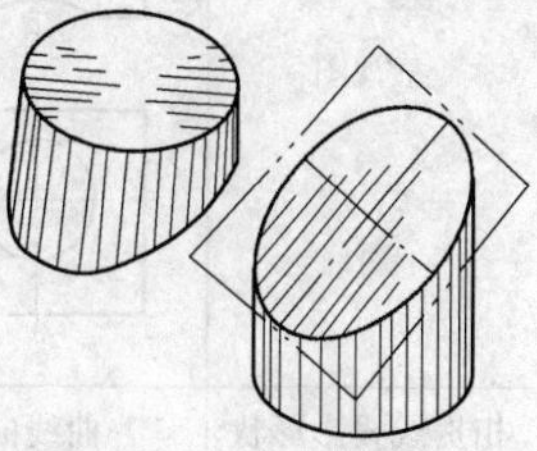
三视图	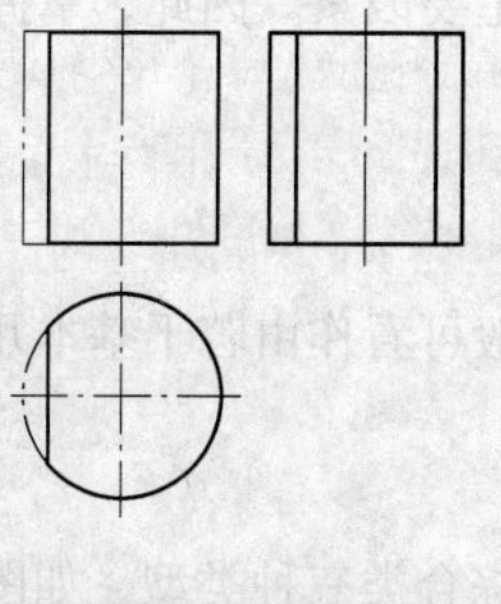	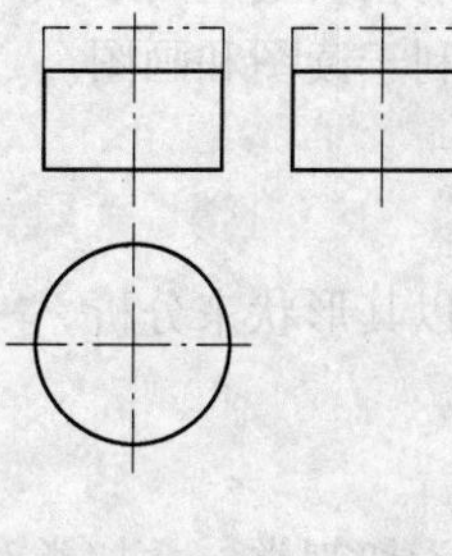	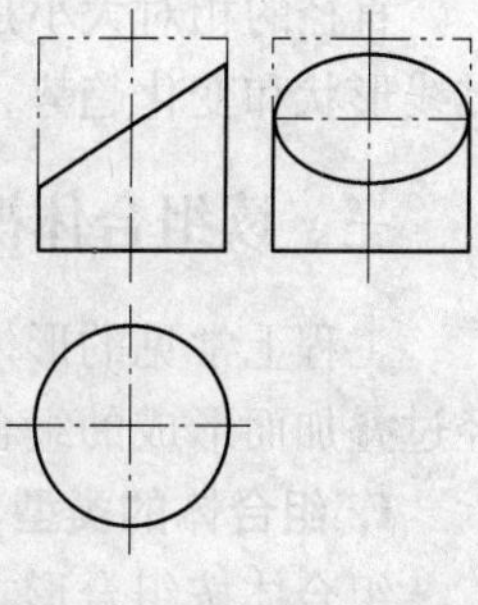

2. 圆柱的相贯

圆柱的相贯线是相交两圆柱表面的共有线，一般为封闭的空间曲线。轴线垂直相交的两圆柱相贯是常见的相贯形式，其相贯线的投影一般可采用简化画法画出。在两圆柱轴线垂直相交、直径不等的情况下，如对作图准确程度无特殊要求，可简化作图，即用圆弧代替这段非圆曲线，得到相贯线的近似投影，其作图方法见表1-6和表1-7。作图要领可概括为：以大圆柱的半径为半径，在小圆柱的轴线上找圆心，然后向着大圆柱轴线弯曲画弧。

表1-6　圆柱相贯线投影的作图方法

尺寸变化	D > d	D = d
三视图	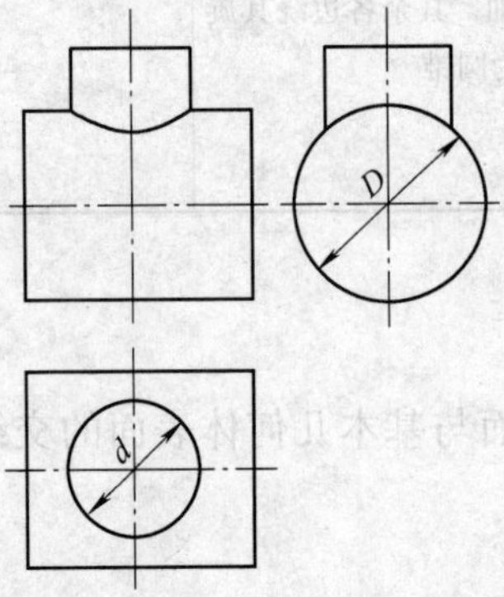	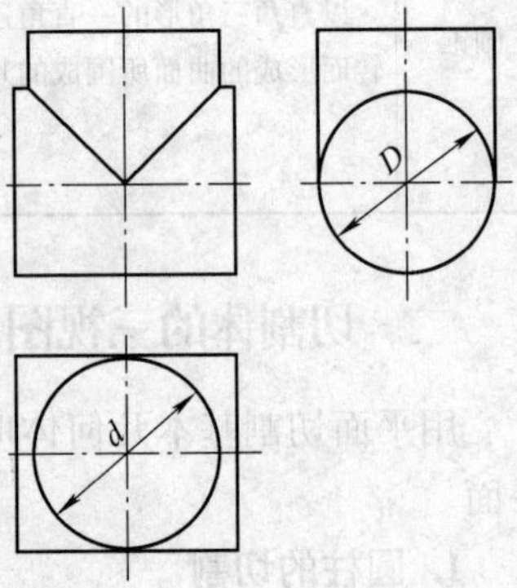

表1-7　圆柱穿孔的相贯线

形　式	轴上圆柱孔	不等径圆柱孔	等径圆柱孔
三视图	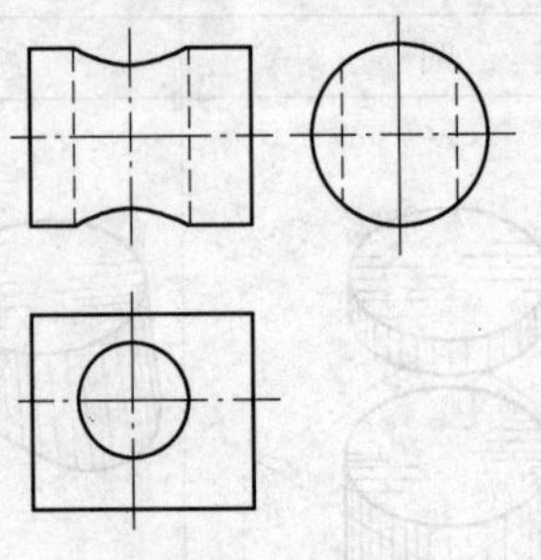	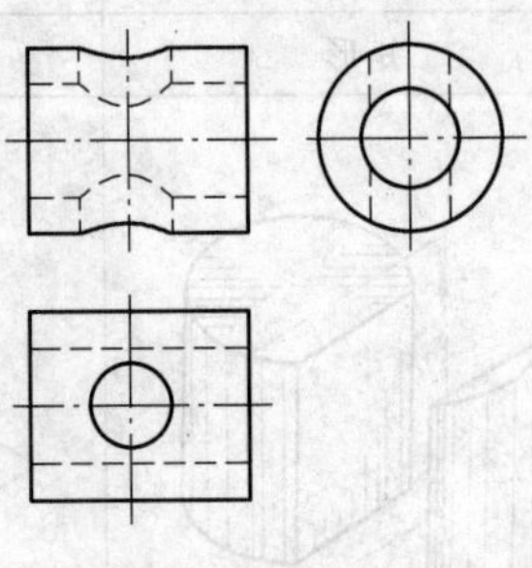	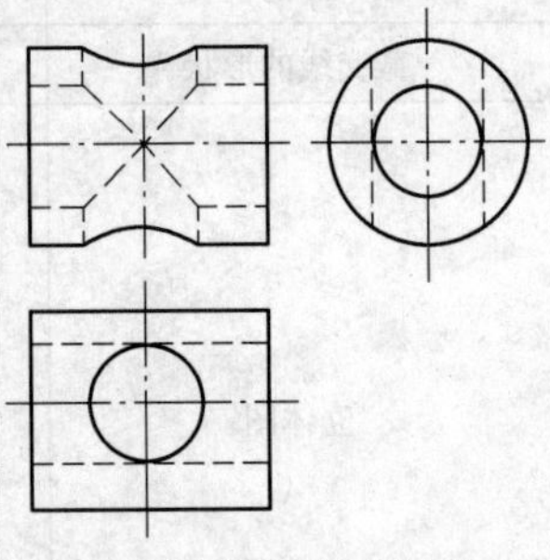
相贯线投影形状	曲线向着圆柱轴线弯曲	曲线向着大孔轴线弯曲	过两轴线交点的相交直线

3. 影响圆柱相贯线的因素

直径的相对大小是影响相贯线空间形状的主要因素。因此，掌握轴线互相垂直相交的相贯线形状和变化趋势，有利于读图和画图。

三、读组合体视图

工程上常见的形体，以其形状来分析，一般可看作由若干基本几何体按一定的相对位置经过叠加而形成的组合体。

1. 组合体的类型

组合体按组合形式分为切割类、叠加类和综合类三种类型，如图1-10所示。

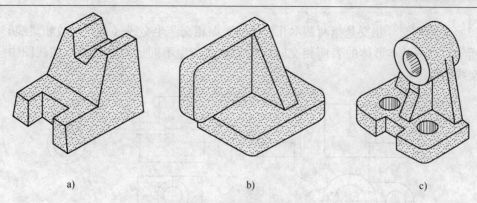

a)　　　　　　　　　　b)　　　　　　　　　　c)

图 1-10　组合体的类型

a）切割类　b）叠加类　c）综合类

2. 两个基本几何体表面连接的三种状态

（1）表面平齐　如图 1-11 所示，当两基本几何体的表面平齐时，两表面为共面，因而视图上两基本几何体之间无分界线；如果两基本几何体的表面不平齐，则必须画出它们的分界线。

a)　　　　　　　　　　　　　　b)

图 1-11　表面平齐与不平齐

a）表面平齐　b）表面不平齐

（2）表面相切　相切是指两个基本体的相邻表面（平面与曲面或曲面与曲面）光滑过渡。如图 1-12 所示，当两基本几何体的表面相切时，两表面在相切处光滑过渡，不画出切线。

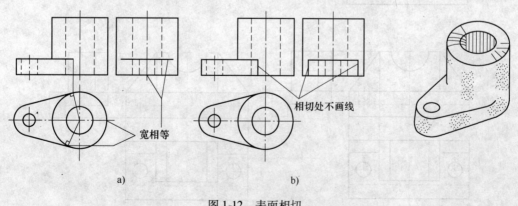

a)　　　　　　　　　　　　　b)

图 1-12　表面相切

a）正确　b）错误

（3）表面相交 相交是指两基本几何体的表面相交产生交线（截交线或相贯线）。如图1-13所示，当两基本形体的表面相交时，相交处会产生不同形式的交线，在视图中应画出这些交线的投影。

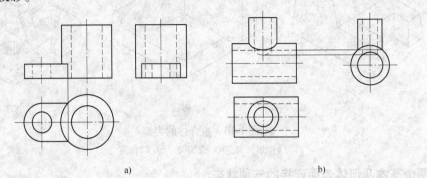

图 1-13 表面相交

a）正确 b）错误

3. 读组合体三视图的方法

读组合体的三视图时一般采用形体分析法。所谓形体分析法，就是从反映物体形状特征的主视图着手，对照其他视图，初步分析出该物体是由哪些基本几何体及通过什么连接关系形成的；然后按投影特性逐个找出各基本几何体在其他视图中的投影，以确定各基本几何体的形状和它们之间的相对位置；最后综合想象出物体的整体形状。以识读轴承座为例（图1-14），其具体读图方法如下：

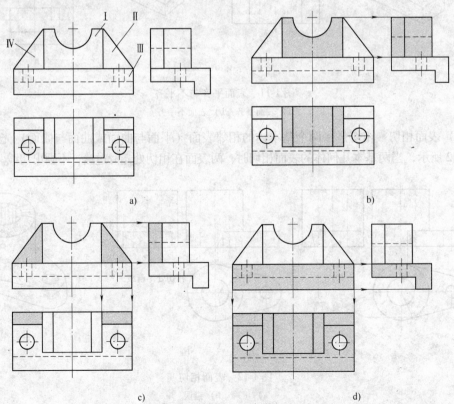

a）   b）

c）   d）

图 1-14 轴承座的读图方法

1）如图 1-14a 所示，从主视图入手，该组合体按线框可以划分为四部分。按照三视图的投影规律，分别找出各线框对应的其他投影。

2）如图 1-14b、c、d 所示，分离出表示各基本形体的线框，并结合各自的特征视图逐一构思其形状。

3）根据各部分的形状和它们的相对位置，综合想象出其整体形状。轴承座的立体图如图 1-15 所示。

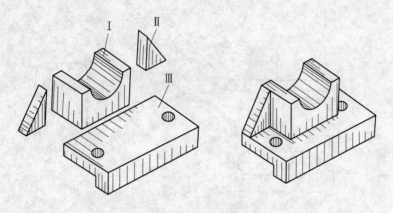

图 1-15 轴承座的形体分析

第三节 机件的表达方法

在实际生产中，机件的结构形状是多种多样的，有的用三视图不能表达清楚，还需要采用其他表达方法。

一、机件外部形状的表达——局部视图和斜视图

1. 局部视图

局部视图是将机件的某一部分向基本投影面投射所得的视图。如图 1-16 所示的机件用

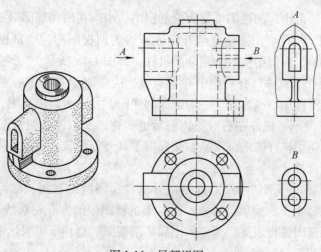

图 1-16 局部视图

主、俯两个基本视图表达了主体形状，但左、右两边凸缘的形状如用左视图和右视图表达则显得繁琐和重复。采用 *A* 和 *B* 两个局部视图来表达两个凸缘形状，既简练又突出重点。

2. 斜视图

如图 1-17 所示，当机件上有倾斜于基本投影面的结构时，为了表达倾斜部分的真实形状，可设置一个与倾斜部分平行的辅助投影面，再将倾斜结构向该投影面投射。这种将机件向不平行于基本投影面的平面投射所得的视图称为斜视图。

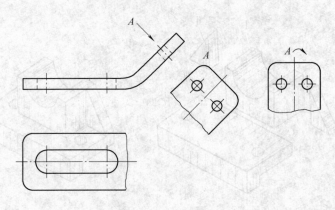

图 1-17　斜视图

二、机件内部形状的表达——剖视图

用视图表达机件形状时，机件上不可见的内部结构要用虚线表示。但如果机件的内部结构比较复杂，则图上会出现较多的虚线，这样既不便于画图和读图，也不便于标注尺寸。此时，可按国家标准的规定采用剖视图来表达机件的内部形状。

1. 剖视图的形成

假想用剖切面剖开机件，将处在观察者与剖切面之间的部分移去，而将其余部分向投影面投射所得的图形称为剖视图，简称剖视。机件与剖切面接触的部分要画剖面线。

2. 剖视图的种类

根据剖切范围的大小，剖视图可分为全剖视图、半剖视图和局部剖视图。

（1）全剖视图　用剖切面完全地剖开机件所得的剖视图称为全剖视图。全剖视图一般适用于外形比较简单、内部结构较为复杂的机件，如图 1-18 所示。

（2）半剖视图　当机件具有对称中心平面时，向垂直于对称中心平面的投影面投射所得的图形，允许以对称中心线为界，一半画成剖视图，另一半画成视图，这种剖视图称为半剖视图。如图 1-19 所示，机件左右对称，前后也对称，所以主、俯视图都可以画成半剖视图。半剖视图既表达了机件的内部形状，又保留了其外部形状，所以常用于表达内、外形状都比较复杂的对称机件。

（3）局部剖视图　用剖切平面局部地剖开机件所得的剖视图，称为局部剖视图。如图 1-20 所示的机件虽然上下、前后都对称，但由于主视图中的方孔轮廓线与对称中心线重合，所以不宜采用半剖视图进行表达，而应采用局部剖视图。这样既可表达中间方孔内部的轮廓线，又保留了机件的部分外形。

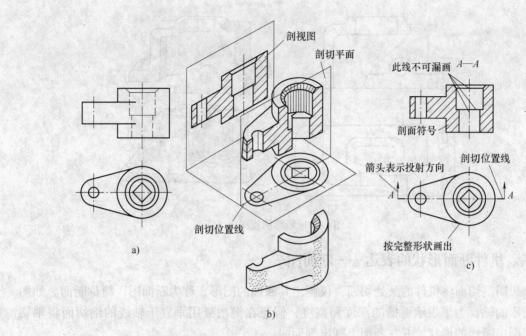

图 1-18　全剖视图

a）未剖切的视图　b）剖切方法　c）剖切后的视图

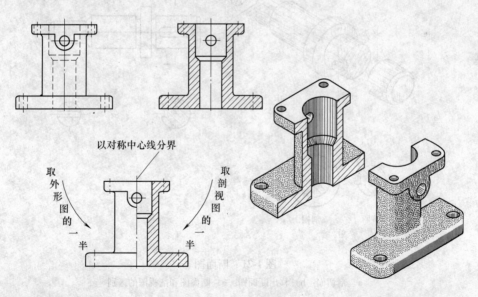

图 1-19　半剖视图

前面叙述的全剖视、半剖视和局部剖视都是用平行于基本投影面的单一剖切平面剖切机件而得到的。由于机件内部结构形状的多样性和复杂性，需要用不同数量和位置的剖切面剖开机件，才能把机件的内部形状表达清楚。根据机件的结构特点，可选择单一剖切面、几个平行的剖切面和几个相交的剖切面等剖切方法。

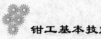

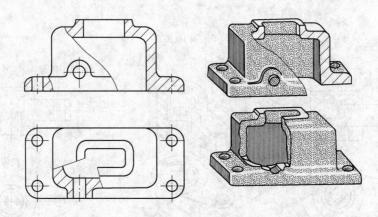

图 1-20　局部剖视图

三、机件断面形状的表达——断面图

假想用剖切面将机件的某处切断，仅画出其断面的图形，称为断面图，简称断面。如图 1-2a 所示的轴，为了表示键槽的深度和宽度，假想在键槽处用垂直于轴线的剖切面将轴切断，只画出断面的形状，并在断面上画出剖面线。

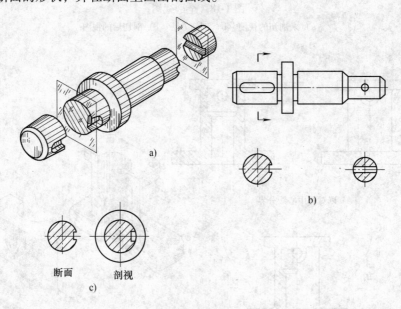

图 1-21　断面图
a）剖切面　b）移出断面图　c）断面图和剖视图的区别

画断面图时，应特别注意断面图与剖视图的区别，断面图仅画出机件被切断处的断面形状，而剖视图除了画出断面形状外，还必须画出断面后的可见轮廓线，如图 1-21c 所示。

根据配置位置的不同，断面图可分为移出断面和重合断面两种。移出断面是画在视图轮廓之外的断面图，如图 1-21b 所示；重合断面是画在视图轮廓之内的断面图，如图 1-22 所示。

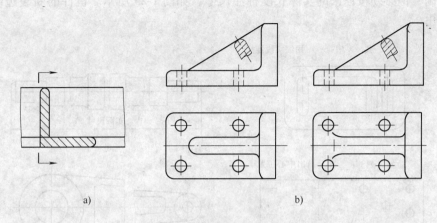

图 1-22　重合断面的画法

四、机件的其他表达方法

1. 局部放大图

将机件的部分结构用大于原图形所采用的比例画出的图形，称为局部放大图，如图 1-23 所示。局部放大图可画成视图、剖视图、断面图，它与被放大部位的表达方法无关。局部放大图应尽可能放置在被放大部位的附近。当机件上有几处被放大部位时，必须用罗马数字依次标明，并用细实线圆圈出，在相应的局部放大图上方标出相同的罗马数字和放大比例。如放大部位仅有一处，则不必标明数字，但必须标明放大比例。

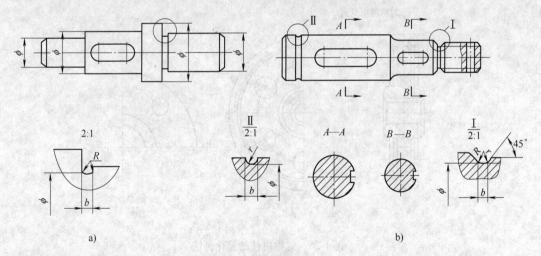

图 1-23　局部放大图画法

2. 相同结构的简化画法

当机件上具有若干相同结构（齿、槽、孔等）并按一定规律分布时，只需画出几个完整结构，其余用细实线相连或标明中心位置，并注明总数，如图 1-24 所示。

3. 较长机件的折断画法

当较长的机件（轴、杆、型材等）沿长度方向的形状一致或按一定规律变化时，可断开缩短绘制，但必须按原来的实际长度标注尺寸，如图 1-25 所示。机件的断裂边缘常用细波浪线画出。

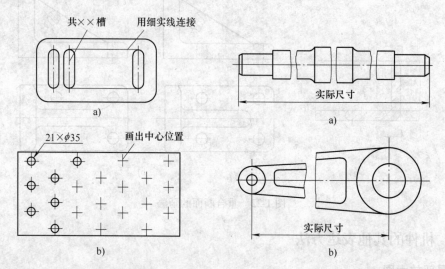

图 1-24 相同结构的简化画法　　　　图 1-25 较长机件的折断画法

4. 对称机件的简化画法

在不致引起误解时，对于对称机件的视图可以只画一半或四分之一，并在对称中心线的两端画出两条与其垂直的平行细实线，如图 1-26 所示。

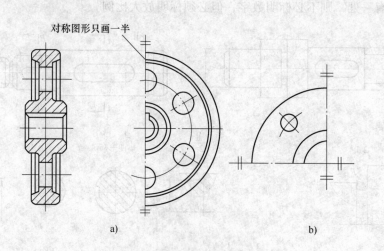

图 1-26 对称机件的简化画法
a）画一半　b）画四分之一

第四节　螺纹的规定画法及标记

螺纹是机器中广泛应用的结构，其在机械中的应用主要有连接和传动。螺纹的整体结构和尺寸已标准化，是标准件。

一、螺纹的分类

螺纹的种类很多。按照加工的表面不同，螺纹可分为外螺纹和内螺纹；按照旋向不同，螺纹可分为左旋螺纹和右旋螺纹；按照螺旋线的数目不同，螺纹可分为单线螺纹和多线螺纹；按照牙型不同，螺纹可分为三角形螺纹、矩形螺纹、梯形螺纹和锯齿形螺纹；按照用途不同，螺纹可分为连接螺纹和传动螺纹。

二、螺纹的规定画法

如图1-27所示，螺纹的结构要素有大径（公称直径）、小径、中径、螺距、导程等。

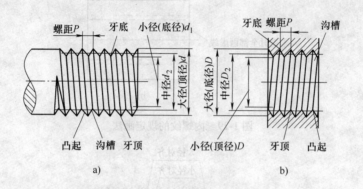

图 1-27　螺纹的结构要素
a）外螺纹　b）内螺纹

1）外螺纹的牙顶（大径）及螺纹终止线用粗实线表示；牙底（小径）用细实线表示，并画到螺杆的倒角或倒圆部分。在垂直于螺纹轴线方向的视图中，表示牙底的细实线圆只画约3/4圈，此时不画螺杆端面倒角圆，如图1-28所示。

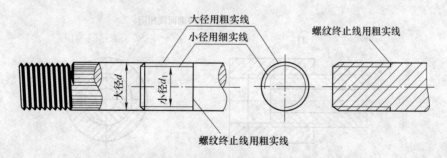

图 1-28　外螺纹的规定画法

2）内螺纹在螺孔作剖视时，牙底（大径）为细实线，牙顶（小径）及螺纹终止线为粗实线。不作剖视时，牙底、牙顶和螺纹终止线皆为虚线。在垂直于螺纹轴线方向的视图中，牙底画成约3/4圈的细实线圆，不画螺纹孔口的倒角圆，如图1-29所示。

3）国家标准规定，在剖视图中表示螺纹连接时，其旋合部分应按外螺纹的画法表示，其余部分仍按各自的画法表示，如图1-30所示。

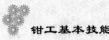

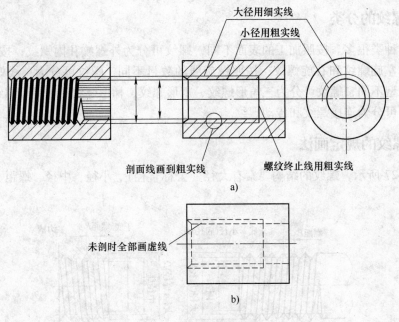

大径用细实线

小径用粗实线

剖面线画到粗实线　　螺纹终止线用粗实线

a)

未剖时全部画虚线

b)

图 1-29　内螺纹的规定画法

大径对齐

小径对齐

终止线在螺孔之外　　剖面线画到粗实线

a)

同一零件的剖面线相同

A　　　　　　　　　　　$A—A$

A　　不同零件的剖面线不同

b)

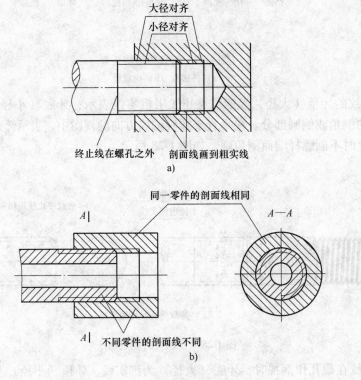

图 1-30　内、外螺纹连接的规定画法

三、螺纹标记

为区别螺纹的种类及参数，应在图样上按规定格式进行标记，以表示该螺纹的牙型、公称直径、螺距、公差带等。

完整的标记由螺纹代号、螺纹公差带代号和旋合长度代号组成，中间用"-"分开。例如：

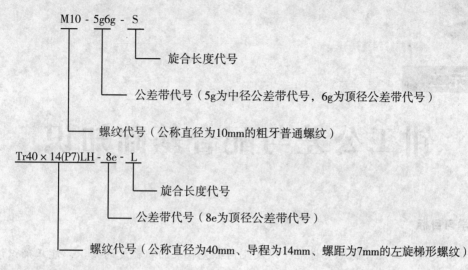

标注螺纹标记时注意：

1）普通螺纹的旋合长度代号用字母 S（短）、N（中）、L（长）或数值表示。一般情况下，按中等旋合长度考虑时可不加标注。

2）单线螺纹和右旋螺纹应用十分普遍，故单线和右旋均省略不注，左旋螺纹应标注"LH"。

3）粗牙普通螺纹应用最多，对应每一个公称直径的螺距只有一个，故不必标注螺距。

4）外螺纹公差带代号用小写字母表示，内螺纹公差带代号用大写字母表示。

钳工公差与配合基础知识

学习目标

掌握有关极限与配合的相关标准，以及几何公差、表面粗糙度的知识，能正确识读图样上常见的公差标注。

就机械零件而言，要求其具有互换性，互换性可理解为：同一规格的合格零件，不需要作任何挑选和附加加工，就可以组装成部件或整机，并能达到设计要求。加工工件时，由于各种因素的影响，工件不可能做得绝对准确，总有误差存在。机械零件的加工除了要达到规定的形状和尺寸以外，还要达到规定的其他技术要求。机械图样中的技术要求主要有表面粗糙度、极限与配合、几何公差等。技术要求通常用符号、代号或标记标注在图形上，或者用简练的文字注写在标题栏附近。

第一节　极限与配合

一、尺寸公差的基本知识

1. 孔与轴的定义

孔通常指零件的圆柱形内表面，也包括非圆柱形内表面（由两平行平面或切面形成的包容面），如图 2-1 中的 B、ϕD、L、B_1、L_1。在加工过程中，孔的尺寸随材料的切除而变大。

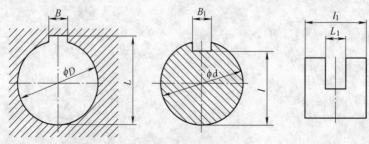

图 2-1　孔与轴

轴通常指零件的圆柱形外表面，也包括非圆柱形外表面（由两平行平面或切面形成的被包容面），如图 2-1 中的 ϕd、l、l_1。在加工过程中，轴的尺寸随材料的切除而变小。

2. 有关尺寸的术语

（1）尺寸　尺寸是以特定单位表示线性尺寸的数值，机械加工中一般用毫米（mm）做特定单位。

（2）公称尺寸　公称尺寸是设计时给定的尺寸，用 D 或 d 表示（大写字母表示孔，小写字母表示轴）。它根据零件的力学性能要求、结构要求确定，通常在标准尺寸系列中选取。

（3）实际尺寸　零件加工后，通过测量所得到的尺寸称为实际尺寸。由于测量总有误差存在，因此实际尺寸并不一定是尺寸的真值。另外，由于零件形状误差等的影响，不同部位的实际尺寸也不一定相等。

（4）极限尺寸　允许尺寸变动的两个界限值称为极限尺寸。其中较大的尺寸称为上极限尺寸，较小的尺寸称为下极限尺寸。合格零件的实际尺寸应在两个极限尺寸所限制的尺寸范围内。

3. 有关尺寸偏差与尺寸公差的术语

（1）尺寸偏差　尺寸偏差是某一尺寸减去其公称尺寸所得的代数差，其值可为正值、负值或零。

（2）极限偏差　极限偏差是极限尺寸减去其公称尺寸所得的代数差。其中，上极限尺寸减去公称尺寸所得的代数差称为上极限偏差，孔的上极限偏差用 ES、轴的上极限偏差用 es 表示；下极限尺寸减去公称尺寸所得的代数差称为下极限偏差，孔的下极限偏差用 EI、轴的下极限偏差用 ei 表示。

（3）实际偏差　实际偏差是实际尺寸减去其公称尺寸所得的代数差。零件偏差合格的条件为：实际偏差在极限偏差的范围内。

（4）尺寸公差　允许的尺寸变动量称为尺寸公差（简称公差）。公差等于上极限尺寸与下极限尺寸之差，也等于上极限偏差与下极限偏差之差。

在零件图上，一般在孔或轴的公称尺寸后面注出偏差值。上极限偏差标注在公称尺寸的右上方，下极限偏差标注公称尺寸的同一底线上，如 $\phi 30^{-0.021}_{-0.041}$。如果上、下极限偏差的数值相同，而符号相反，则可简化标注，如 $\phi 30 \pm 0.02$（小数点后末尾的零可省略不写）。若上极限偏差或下极限偏差为零，应注明"0"，且与另一偏差的个位对齐，如 $\phi 30^{+0.033}_{0}$。

例 2-1　某孔、轴分别按 $\phi 30^{+0.033}_{0}$ mm 和 $\phi 30^{-0.021}_{-0.041}$ mm 加工，试求公称尺寸、极限偏差、极限尺寸和公差。

解：

$\phi 30^{+0.033}_{0}$ mm 的孔：公称尺寸为 30mm，上极限偏差 ES = + 0.033mm，下极限偏差 EI = 0。

因此，上极限尺寸为（30 + 0.033）mm = 30.033mm，下极限尺寸为（30 + 0）mm = 30mm，公差为（30.033 − 30）mm =（+ 0.033 − 0）mm = 0.033mm。

$\phi 30^{-0.021}_{-0.041}$ 的轴：公称尺寸为 30mm，上极限偏差 es = − 0.021mm，下极限偏差 ei = − 0.041mm。

因此，上极限尺寸为（30 − 0.021）mm = 29.979mm，下极限尺寸为（30 − 0.041）mm = 29.959mm，公差为（29.979 − 29.959）mm = [− 0.021 − (− 0.041)] mm = 0.02mm。

（5）公差带图　公差带是表示公差的大小及其相对零线位置的一个区域。图 2-2a 表示了一对互相结合的孔和轴的公称尺寸、极限尺寸、偏差和公差的相互关系。为简化起见，一般只画出由孔和轴的上、下极限偏差围成的方框简图，称为公差带图，如图 2-2b 所示。在公差带图中，零线是表示公称尺寸的一条直线。零线上方的偏差为正值，下方的偏差为负值。

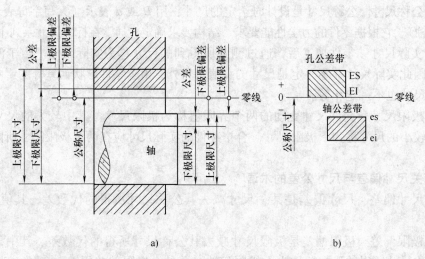

图 2-2　尺寸公差带及公差带图

a）孔、轴配合示意图　b）孔、轴公差带图

4. 标准公差及基本偏差

（1）标准公差　标准公差是用以确定公差带大小的任一公差。国家标准规定，对于一定的公称尺寸，其标准公差分为 20 级，即 IT01、IT0、IT1、…、IT18。也就是说，标准公差的数值与公称尺寸和公差等级有关。其中，公差等级确定尺寸的精确程度，决定着加工的难易程度。IT 表示公差，数字表示公差等级。IT01 的公差值最小，精度最高；IT18 的公差值最大，精度最低。

（2）基本偏差　基本偏差是在国家标准的极限与配合制中，决定公差带相对零线位置的那个极限偏差。它可以是上极限偏差或下极限偏差，一般是指靠近零线的那个偏差，如图 2-3 所示。当公差带在零线上方时，基本偏差为下极限偏差；反之，则为上极限偏差。基本偏差的代号用字母表示，大写的为孔，小写的为轴，各 28 个。

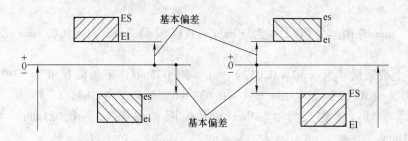

图 2-3　基本偏差

基本偏差系列图如图 2-4 所示。其中，A～H（a～h）用于间隙配合，J～ZC（j～zc）

用于过渡配合或过盈配合。从基本偏差系列图中可以看出：孔的基本偏差 A～H 为下极限偏差，J～ZC 一般为上极限偏差；轴的基本偏差 a～h 为上极限偏差，j～zc 一般为下极限偏差；js 和 JS 的公差带对称分布于零线两侧，孔和轴的上、下极限偏差分别是 $+\dfrac{IT}{2}$、$-\dfrac{IT}{2}$。

基本偏差系列图只表示公差带的位置，不表示公差带的大小，因此，公差带的另一端是开口的，开口的一端由标准公差限定。

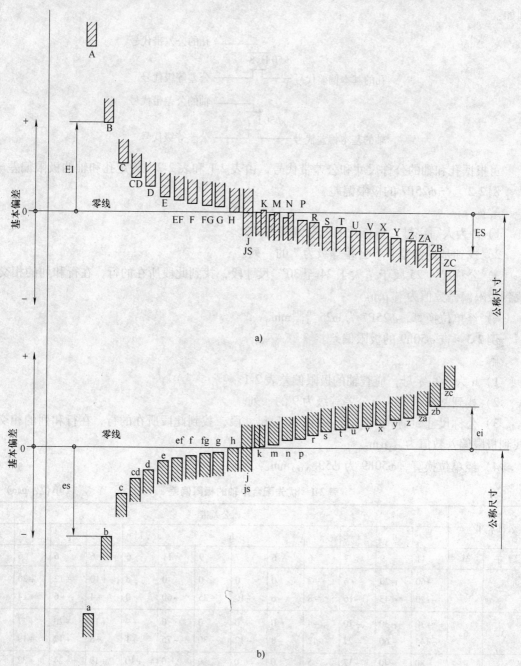

图 2-4 孔、轴基本偏差系列图

a）孔 b）轴

根据尺寸公差的定义，基本偏差和标准公差有以下关系

$$ES = EI + IT \qquad (2\text{-}1)$$

或

$$EI = ES - IT \qquad (2\text{-}2)$$

$$es = ei + IT \qquad (2\text{-}3)$$

或

$$ei = es - IT \qquad (2\text{-}4)$$

（3）公差带代号的识别　孔和轴的公差带代号由基本偏差代号与公差等级代号组成。例如：

　　　　　　　　　　　　　　孔的公差带代号

$\phi 50\ \text{H}\ 8$

孔的基本偏差代号　　　　　　　公差等级代号

　　　　　　　　　　　　　　轴的公差带代号

$\phi 50\ \text{f}\ 7$

轴的基本偏差代号　　　　　　　公差等级代号

可根据孔和轴的公称尺寸和公差带代号，由表 2-1 和表 2-2，确定孔和轴的极限偏差。

例 2-2　查 $\phi 25\text{P}7$ 的极限偏差。

解：

1）P 为大写字母，应查孔的极限偏差表 2-2。

2）找到基本偏差 P 下公差等级为 7 的一列。

3）公称尺寸 25 属于"大于 24 至 30"尺寸段，找到此段所在的行，在行和列的相交处找到极限偏差数值为 $_{-35}^{-14}\mu\text{m}$。

4）经单位换算，$\phi 25\text{P}7$ 为 $\phi 25_{-0.035}^{-0.014}\text{mm}$。

例 2-3　查 $\phi 50\text{h}9$ 的极限偏差。

解：

1）h 为小写字母，应查轴的极限偏差表 2-1。

2）找到基本偏差 h 下公差等级为 9 的一列。

3）公称尺寸 50 属于"大于 40 至 50"尺寸段，找到此段所在的行，在行和列的相交处找到极限偏差数值为 $_{-62}^{0}\mu\text{m}$。

4）经单位换算，$\phi 50\text{h}9$ 为 $\phi 50_{-0.062}^{0}\text{mm}$。

表 2-1　优先配合中轴的极限偏差　　　　　　（单位：μm）

公称尺寸/mm		公差带											
		c	d	f	g	h				k	n	p	s	u
大于	至	11	9	7	6	6	7	9	11	6	6	6	6	6
—	3	−60 −120	−20 −45	−6 −16	−2 −8	0 −6	0 −10	0 −25	0 −60	+6 0	+10 +4	+12 +6	+20 +14	+24 +18
3	6	−70 −145	−30 −60	−10 −22	−4 −12	0 −8	0 −12	0 −30	0 −75	+9 +1	+16 +8	+20 +12	+27 +19	+31 +23
6	10	−80 −170	−40 −76	−13 −28	−5 −14	0 −9	0 −15	0 −36	0 −90	+10 +1	+19 +10	+24 +15	+32 +23	+37 +28

（续）

公称尺寸/mm		公差带												
		c	d	f	g	h				k	n	p	s	u
大于	至	11	9	7	6	6	7	9	11	6	6	6	6	6
10	14	−95 / −205	−50 / −93	−16 / −34	−6 / −17	0 / −11	0 / −18	0 / −43	0 / −110	+12 / +1	+23 / +12	+29 / +18	+39 / +28	+44 / +33
14	18	−95 / −205	−50 / −93	−16 / −34	−6 / −17	0 / −11	0 / −18	0 / −43	0 / −110	+12 / +1	+23 / +12	+29 / +18	+39 / +28	+44 / +33
18	24	−110 / −240	−65 / −117	−20 / −41	−7 / −20	0 / −13	0 / −21	0 / −52	0 / −130	+15 / +2	+28 / +15	+35 / +22	+48 / +35	+54 / +41
24	30	−110 / −240	−65 / −117	−20 / −41	−7 / −20	0 / −13	0 / −21	0 / −52	0 / −130	+15 / +2	+28 / +15	+35 / +22	+48 / +35	+61 / +48
30	40	−120 / −280	−80 / −142	−25 / −50	−9 / −25	0 / −16	0 / −25	0 / −62	0 / −160	+18 / +2	+33 / +17	+42 / +26	+59 / +43	+76 / +60
40	50	−130 / −290	−80 / −142	−25 / −50	−9 / −25	0 / −16	0 / −25	0 / −62	0 / −160	+18 / +2	+33 / +17	+42 / +26	+59 / +43	+86 / +70
50	65	−140 / −330	−100 / −174	−30 / −60	−10 / −29	0 / −19	0 / −30	0 / −74	0 / −190	+21 / +2	+39 / +20	+51 / +32	+72 / +53	+106 / +87
65	80	−150 / −340	−100 / −174	−30 / −60	−10 / −29	0 / −19	0 / −30	0 / −74	0 / −190	+21 / +2	+39 / +20	+51 / +32	+78 / +59	+121 / +102
80	100	−170 / −390	−120 / −207	−36 / −71	−12 / −34	0 / −22	0 / −35	0 / −87	0 / −220	+25 / +3	+45 / +23	+59 / +37	+93 / +71	+146 / +124
100	120	−180 / −400	−120 / −207	−36 / −71	−12 / −34	0 / −22	0 / −35	0 / −87	0 / −220	+25 / +3	+45 / +23	+59 / +37	+101 / +79	+166 / +144
120	140	−200 / −450	−145 / −245	−43 / −83	−14 / −39	0 / −25	0 / −40	0 / −100	0 / −250	+28 / +3	+52 / +27	+68 / +43	+117 / +92	+195 / +170
140	160	−210 / −460	−145 / −245	−43 / −83	−14 / −39	0 / −25	0 / −40	0 / −100	0 / −250	+28 / +3	+52 / +27	+68 / +43	+125 / +100	+215 / +190
160	180	−230 / −480	−145 / −245	−43 / −83	−14 / −39	0 / −25	0 / −40	0 / −100	0 / −250	+28 / +3	+52 / +27	+68 / +43	+133 / +108	+235 / +210
180	200	−240 / −530	−170 / −285	−50 / −96	−15 / −44	0 / −29	0 / −46	0 / −115	0 / −290	+33 / +4	+60 / +31	+79 / +50	+151 / +122	+265 / +236
200	225	−260 / −550	−170 / −285	−50 / −96	−15 / −44	0 / −29	0 / −46	0 / −115	0 / −290	+33 / +4	+60 / +31	+79 / +50	+159 / +130	+287 / +258
225	250	−280 / −570	−170 / −285	−50 / −96	−15 / −44	0 / −29	0 / −46	0 / −115	0 / −290	+33 / +4	+60 / +31	+79 / +50	+169 / +140	+313 / +284
250	280	−300 / −620	−190 / −320	−56 / −108	−17 / −49	0 / −32	0 / −52	0 / −130	0 / −320	+36 / +4	+66 / +34	+88 / +56	+190 / +158	+347 / +315
280	315	−330 / −650	−190 / −320	−56 / −108	−17 / −49	0 / −32	0 / −52	0 / −130	0 / −320	+36 / +4	+66 / +34	+88 / +56	+202 / +170	+382 / +350

（续）

公称尺寸/mm		公差带												
		c	d	f	g		h			k	n	p	s	u
大于	至	11	9	7	6	6	7	9	11	6	6	6	6	6
315	355	-360 -720	-210 -350	-62 -119	-18 -54	0 -36	0 -57	0 -140	0 -360	+40 +4	+73 +37	+98 +62	+226 +190	+426 +390
355	400	-400 -760											+244 +208	+471 +435
400	450	-440 -840	-230 -385	-68 -131	-20 -60	0 -40	0 -63	0 -155	0 -400	+45 +5	+80 +40	+108 +68	+272 +232	+530 +490
450	500	-480 -880											+292 +252	+580 +510

表 2-2　优先配合中孔的极限偏差　　　　（单位：μm）

公称尺寸/mm		公差带												
		C	D	F	G		H			K	N	P	S	U
大于	至	11	9	8	7	7	8	9	11	7	7	7	7	7
	3	+120 +60	+45 +20	+20 +6	+12 +2	+10 0	+14 0	+25 0	+60 0	0 -10	-4 -14	-6 -16	-14 -24	-18 -28
3	6	+145 +70	+60 +30	+28 +10	+16 +4	+12 0	+18 0	+30 0	+75 0	+3 -9	-4 -16	-8 -20	-15 -27	-19 -31
6	10	+170 +80	+76 +40	+35 +13	+20 +5	+15 0	+22 0	+36 0	+90 0	+5 -10	-4 -19	-9 -24	-17 -32	-22 -37
10	14	+205 +95	+93 +50	+45 +16	+24 +6	+18 0	+27 0	+43 0	+110 0	+6 -12	-5 -23	-11 -29	-21 -39	-26 -44
14	18													
18	24	+240 +110	+117 +65	+53 +20	+28 +7	+21 0	+33 0	+52 0	+130 0	+6 -15	-7 -28	-14 -35	-27 -48	-33 -54
24	30													-40 -61
30	40	+280 +120	+142 +80	+64 +25	+34 +9	+25 0	+39 0	+62 0	+160 0	+7 -18	-8 -33	-17 -42	-34 -59	-51 -76
40	50	+290 +130												-61 -86
50	65	+330 +140	+174 +100	+76 +30	+40 +10	+30 0	+46 0	+74 0	+190 0	+9 -21	-9 -39	-21 -51	-42 -72	-76 -106
65	80	+340 +150											-48 -78	-91 -121
80	100	+390 +170	+207 +120	+90 +36	+47 +12	+35 0	+54 0	+87 0	+220 0	+10 -25	-10 -45	-24 -59	-58 -93	-111 -146
100	120	+400 +180											-66 -101	-131 -166

（续）

公称尺寸/mm		公差带												
		C	D	F	G		H			K	N	P	S	U
大于	至	11	9	8	7	7	8	9	11	7	7	7	7	7
120	140	+450 +200											−77 −117	−155 −195
140	160	+460 +210	+245 +145	+106 +43	+54 +14	+40 0	+63 0	+100 0	+250 0	+12 −28	−12 −52	−28 −68	−85 −125	−175 −215
160	180	+480 +230											−93 −133	−195 −235
180	200	+530 +240											−105 −151	−219 −265
200	225	+550 +260	+285 +170	+122 +50	+61 +15	+46 0	+72 0	+115 0	+290 0	+13 −33	−14 −60	−33 −79	−113 −159	−241 −287
225	250	+570 +280											−123 −169	−267 −313
250	280	+620 +300	+320 +190	+137 +56	+69 +17	+52 0	+81 0	+130 0	+320 0	+16 −36	−14 −66	−36 −88	−138 −190	−295 −347
280	315	+650 +330											−150 −202	−330 −382
315	355	+720 +360	+350 +210	+151 +62	+75 +18	+57 0	+89 0	+140 0	+360 0	+17 −40	−16 −73	−41 −98	−169 −226	−369 −426
355	400	+760 +400											−187 −244	−414 −471
400	450	+840 +440	+385 +230	+165 +68	+83 +20	+63 0	+97 0	+155 0	+400 0	+18 −45	−17 −80	−45 −108	−209 −272	−467 −530
450	500	+880 +480											−229 −292	−517 −580

二、配合的基本知识

1. 配合

配合是指公称尺寸相同的相互结合的孔、轴公差带之间的关系。值得注意的是，公称尺寸相同是配合的前提。在孔与轴的配合中，孔的尺寸减去轴的尺寸所得的代数差，其值为正值时称为间隙，用 X 表示；其值为负值时称为过盈，用 Y 表示。

2. 配合的类型及应用

根据使用要求不同，孔与轴之间的配合有松有紧。国家标准规定：配合分为三类，即间隙配合、过盈配合和过渡配合。

（1）间隙配合　间隙配合是指具有间隙（含最小间隙为零）的配合。此时，孔的公差

带位于轴的公差带之上，通常是指孔大、轴小的配合，如图 2-5 所示。其极限间隙的计算公式为

最大间隙 $\qquad X_{\max} = D_{\max} - d_{\min} = ES - ei \qquad$ (2-5)

最小间隙 $\qquad X_{\min} = D_{\min} - d_{\max} = EI - es \qquad$ (2-6)

间隙配合装拆方便，用于孔、轴间有相对运动的场合，也可用于其他无特殊要求的场合。

（2）过盈配合 过盈配合是指具有过盈（含最小过盈为零）的配合。此时，孔的公差带位于轴公差带之下，通常是指孔小、轴大的配合，如图 2-6 所示。其极限过盈的计算公式为

最大过盈 $\qquad Y_{\max} = D_{\min} - d_{\max} = EI - es \qquad$ (2-7)

最小过盈 $\qquad Y_{\min} = D_{\max} - d_{\min} = ES - ei \qquad$ (2-8)

过盈配合装拆困难，通常用于孔、轴无相对运动，但需传递较大载荷的场合。

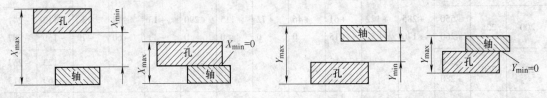

图 2-5 间隙配合 　　　　　　　　　　　　　图 2-6 过盈配合

（3）过渡配合 过渡配合是指可能产生间隙也可能过盈的配合。此时，孔、轴的公差带相互交叠，其间隙或过盈的数值都较小，如图 2-7 所示。

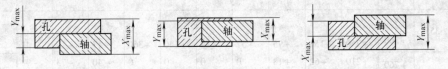

图 2-7 过渡配合

过渡配合的极限间隙或过盈的计算公式为

最大间隙 $\qquad X_{\max} = D_{\max} - d_{\min} = ES - ei \qquad$ (2-9)

最大过盈 $\qquad Y_{\max} = D_{\min} - d_{\max} = EI - es \qquad$ (2-10)

当孔、轴间有定心要求，而且需要考虑装拆方便时常采用过渡配合。

例 2-4 判断下列三种孔、轴配合的类型，并求其极限间隙或过盈。

1）孔 $\phi 25^{+0.021}_{0}$ mm 与轴 $\phi 25^{-0.020}_{-0.033}$ mm 相配合。

2）孔 $\phi 25^{+0.021}_{0}$ mm 与轴 $\phi 25^{+0.041}_{+0.028}$ mm 相配合。

3）孔 $\phi 25^{+0.021}_{0}$ mm 与轴 $\phi 25^{+0.015}_{+0.002}$ mm 相配合。

解：

1）因为 $D_{\min} > d_{\max}$，所以该配合为间隙配合。

最大间隙 $\qquad X_{\max} = ES - ei = +0.021\,\text{mm} - (-0.033)\,\text{mm} = +0.054\,\text{mm}$

最小间隙 $\qquad X_{\min} = EI - es = 0 - (-0.020)\,\text{mm} = +0.020\,\text{mm}$

2）因为 $D_{\max} < d_{\min}$，所以该配合为过盈配合。

最大过盈 $\qquad Y_{\max} = EI - es = 0 - (+0.041)\,\text{mm} = -0.041\,\text{mm}$

最小过盈　　　$Y_{\min} = ES - ei = +0.021\text{mm} - (+0.028)\text{mm} = -0.007\text{mm}$

3）因为 $D_{\min} > d_{\max}$、$D_{\max} < d_{\min}$，所以该配合为过渡配合。

最大间隙　　　$X_{\max} = ES - ei = +0.021\text{mm} - (+0.002)\text{mm} = +0.019\text{mm}$

最大过盈　　　$Y_{\max} = EI - es = 0 - (+0.015)\text{mm} = -0.015\text{mm}$

3. 配合代号及其标注

配合代号在装配图中由孔、轴的公差带代号组成，写成分数形式。其中，分子为孔的公差带代号，分母为轴的公差带代号，如图 2-8a 所示。必要时也允许按如图 2-8b 所示的形式标注。

4. 基准制

在互换性生产中，需要各种不同性质的配合，而同一性质的配合，通过改变孔和轴的公差带位置可获得多种不同的组合形式。为了简化孔、轴公差带的组合形式，减少定值刀具、量具的规格数量，获得最大的经济效益，国家标准规定了两种基准制，即基孔制和基轴制。

图 2-8　配合代号及其标注

（1）基孔制　基孔制是指基本偏差为一定的孔的公差带与不同基本偏差的轴的公差带形成各种配合的一种制度，如图 2-9a 所示。

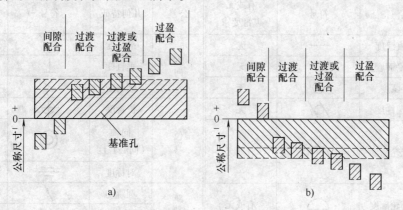

图 2-9　基准制配合公差带图

a）基孔制　b）基轴制

选用孔作为基准件，是因为孔在加工时容易把尺寸加工大，而 H 的基本偏差为零，上极限偏差 ES 的绝对值等于孔公差，公差带在零线以上。

（2）基轴制　基轴制是指基本偏差为一定的轴的公差带与不同基本偏差的孔的公差带形成各种配合的一种制度，如图 2-9b 所示。

选用轴作为基准件，是因为轴在加工时容易把尺寸加工小，而 h 的基本偏差为零，下极限偏差 ei 的绝对值等于轴的公差，公差带在零线以下。

（3）基准制的选择原则

1）优先选用基孔制。采用基孔制可以减少定值刀具、量具的规格数量，有利于刀具、量具的标准化、系列化，因而经济性好，使用方便。

2）有明显经济效益时选用基轴制。例如，选择冷拉型钢做轴，当其本身精度能够满足设计要求，无需再加工时，可选择基轴制。

3）根据标准件选择基准制。当设计的零件与标准件相配合时，基准制的选择应依标准件而定。例如，标准件滚动轴承内圈与轴的配合为基孔制，而外圈与孔的配合为基轴制。

4）特殊情况下可采用非基准制配合（或称混合配合）。

第二节 几何公差

零件在加工过程中，由于受到加工设备、刀具、夹具、原材料的内应力、切削力等各种因素的影响，使得加工后零件的形状和构成要素间的位置与理想的形状和位置存在着差异，这种差异称为形状误差和位置误差（简称几何误差）。几何误差可以影响机器的工作精度、零件的工作寿命和可装配性，所以必须对零件的几何误差加以限制。

一、几何公差的特征项目及符号

几何公差特征项目符号见表 2-3，分为形状公差、方向公差、位置公差和跳动公差四大类，共 15 个项目。

表 2-3　几何公差特征项目符号

公差		几何特征	符号	有或无基准要求	公差	几何特征	符号	有或无基准要求
形状		直线度	——	无	方向	平行度	//	有
		平面度	▱	无		垂直度	⊥	有
		圆度	○	无		倾斜度	∠	有
		圆柱度	⌭	无		位置度	⊕	有或无
形状、方向或位置	廓轮	线轮廓度	⌒	有或无	位置	同轴（同心）度	◎	有
						对称度	═	有
		面轮廓度	⌓	有或无	跳动	圆跳动	↗	有
						全跳动	↗↗	有

二、几何公差代号

按照 GB/T 1182—2008 的规定，在图样中，几何公差采用代号标注。

几何公差代号包括几何公差特征项目符号、几何公差框格和指引线、几何公差数值、表示基准的字母及其他有关符号。最基本的代号如图 2-10 所示。

1. 几何公差框格

公差框格是由两格或多格组成的矩形框格。框格中从左到右依次填写下列内容：第一格，几何公差特征符号；第二格，几何公差值和有关符号；第三格和以后各格，表示基准的字母和有关符号（没

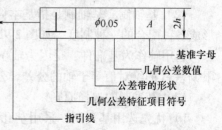

图 2-10　几何公差代号

有基准的几何公差框格只有前两格)。几何公差框格应水平或垂直地绘制。指引线原则上从框格一端的中间位置引出，指引线箭头应指向公差带的宽度或直径方向。

2. 基准

对于有位置公差要求的零件，在图样上必须标明基准。所谓的基准是指用来确定构成机件的点、线、面的位置所依据的机件上的其他点、线、面。与被测要素相关的基准用一个大写字母表示；字母标注在基准方格内，与一个涂黑的或空白的三角形相连，以表示基准；表示基准的字母还应注写在公差框格内。基准方格内的字母应始终水平书写。

三、几何公差的标注方法

1. 被测要素的标注方法

如图 2-11 所示，用指引线把公差框格与有关的被测要素联系起来，指引线的引出端必须与框格垂直，它可以从框格左端或右端引出。用箭头引向被测要素时必须注意：当被测要素是轮廓或表面时，箭头要指向要素的轮廓线或轮廓线的延长线，同时必须与尺寸线明显地分开；当被测要素是中心要素（轴线、中心平面）时，箭头的指引线应与尺寸线的延长线重合。

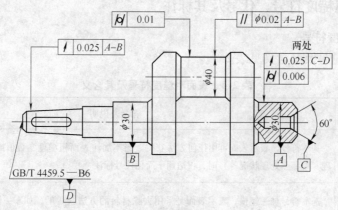

图 2-11　几何公差标注示例

2. 基准要素的标注方法

当基准要素是轮廓或表面时，可标注在要素的外轮廓或其延长线上；当基准是中心要素时，基准代号中的连线应与尺寸线对齐。

第三节　表面粗糙度

一、表面粗糙度的概念

表面粗糙度是指零件经过机械加工后，其表面具有较小间距的峰和谷的微观几何形状特征。表面粗糙度主要是由加工过程中刀具和零件表面间的摩擦、切屑分离时表面金属层的塑性变形及工艺系统的高频振动等原因形成的。因此，表面粗糙度与加工方法、所用刀具和工件材料等因素有密切的关系。表面粗糙度是评定零件表面质量的一项重要技术指标，对零件的配合性、耐磨性、耐蚀性及密封性都有显著的影响，是零件图中必不可少的技术要求。

二、表面粗糙度的评定参数

表面粗糙度主要评定参数中的高度参数有轮廓的算术平均偏差（Ra）和轮廓的最大高度（Rz）。

1. 轮廓的算术平均偏差（Ra）

在取样长度内，被测实际轮廓上各点至轮廓中线距离绝对值的算术平均值称为轮廓的算术平均偏差。Ra 能充分反映表面微观几何形状高度方面的特性，且所用测量仪器（轮廓仪）的测量方法比较简便，所以，它是普遍采用的评定参数。Ra 值越小，说明表面质量要求越高，但加工成本也越高。因此，在满足使用要求的前提下，应尽量选用较大的 Ra 值，以降低成本。

2. 轮廓的最大高度（Rz）

在取样长度内，轮廓的峰顶线和谷底线之间的距离称为轮廓的最大高度，峰顶线和谷底线平行于中线，且分别通过轮廓的最高点和最低点。Rz 对某些不允许出现较深加工痕迹的表面和小零件的表面质量有实用意义。

三、表面粗糙度符号、代号及其标注

1. 表面粗糙度符号

表面粗糙度符号及其含义见表 2-4。

表 2-4　表面粗糙度符号及其含义

符　　号	含义及说明
$\sqrt{}$	基本符号，表示表面可用任何方法获得。当不加注表面粗糙度参数值或有关说明（如表面处理、局部热处理状况等）时，仅适用于简化代号标注
$\sqrt{}$	基本符号加一短横，表示表面是采用去除材料的方法获得的，如车、铣、钻、磨、剪切、抛光、腐蚀、电火花加工、气削等
$\sqrt{}$	基本符号加一小圆，表示表面是用不去除材料的方法获得的，如铸、锻、冲压变形、热轧、冷轧、粉末冶金等；或者是用于保持原供应状况的表面（包括保持上道工序的状况）

2. 表面粗糙度代号及其标注

在表面粗糙度符号的基础上，注出表面粗糙度数值及其有关规定项目后就形成了表面粗糙度代号，如图 2-12 所示。

其中　a——注写表面结构的单一要求；

　a 和 b——注写两个或多个表面结构要求；

　　c——注写加工方法，如车、磨、镀等；

　　d——注写表面纹理和方向；

　　e——注写加工余量，以 mm 为单位。

3. 表面粗糙度高度参数的标注

表面粗糙度高度参数的标注示例及其含义见表 2-5。

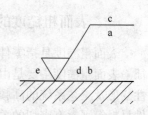

图 2-12　表面粗糙度代号

表 2-5 表面粗糙度高度参数的标注示例及其含义

序 号	示 例	含 义
1	$\sqrt{Ra\ 0.8}$	表示不允许去除材料，单向上限值，轮廓的算术平均偏差为 0.8μm，"16% 规则"（默认）
2	$\sqrt{\begin{array}{l}U\ Ra\ 1.6\\L\ Ra\ 0.8\end{array}}$	表示去除材料，双向极限值。上限值：轮廓的算术平均偏差为 1.6μm，"16% 规则"（默认）；下限值：轮廓的算术平均偏差为 0.8μm，"16% 规则"（默认）
3	$\sqrt{L\ Ra\ 1.6}$	表示任意加工方法，单向下限值，轮廓的算术平均偏差为 1.6μm，"16% 规则"（默认）
4	$\sqrt{Rz\ max\ 1.6}$	表示不允许去除材料，单向上限值，轮廓最大高度的最大值为 1.6μm，最大规则
5	$\sqrt{\begin{array}{l}Ra\ max\ 1.6\\Ra\ 0.8\end{array}}$	表示去除材料，双向极限值。上限值：轮廓的算术平均偏差为 1.6μm，最大规则；下限值：轮廓的算术平均偏差为 0.8μm，"16% 规则"（默认）

4. 表面粗糙度在图样上的标注

表面粗糙度符（代）号在图样上一般标注在可见轮廓线、尺寸界线或其延长线上，也可以标注在引出线上；符号尖端必须从材料外指向并接触零件表面，代号中的数字及符号的注写方向应与尺寸数字的方向一致，如图 2-13 所示。

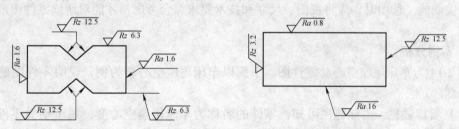

图 2-13　表面粗糙度在图样上的标注

第四节　机械图样的识读

一、简单零件图的识读

零件是组成机器或部件的基本单元，零件图是制造和检验零件的依据。读零件图的目的就是根据零件图想象零件的结构形状，了解零件的尺寸和技术要求。读零件图时，应联系零件在机器或部件中的位置、作用及其与其他零件的关系，才能理解和读懂零件图。

1. 零件图的内容

（1）一组图形　选用视图、剖视图、断面图等适当的表示方法，将零件的内、外结构形状正确、完整、清晰地表达出来。

（2）全部尺寸　正确、完整、清晰、合理地标注零件在制造和检验时所需要的全部尺寸。

（3）技术要求　用规定的符号、标记、代号和文字简明地表达出零件制造和检验时所应达到的各项技术指标，如表面粗糙度、尺寸公差、形状和位置公差、热处理等。

（4）标题栏　填写零件的名称、材料、质量、绘图比例及制图、审核人员的签字等。

2. 识读零件图的一般方法和步骤

（1）概括了解　看标题栏，了解零件的名称、材料和比例等内容。从名称可判断该零件属于哪一类零件，从材料可大致了解其加工方法，从比例可估计零件的实际大小。然后对照其他图形，了解该零件在机器或部件中与其他零件的装配关系等，从而对零件有初步的了解。

（2）视图表达和结构形状分析　分析零件各视图的配置及各视图之间的关系，运用形体分析法读懂零件各部分的结构，想象零件的形状。分析零件的结构形状是读零件图的重点，组合体的读图方法仍适用于读零件图。读图的一般顺序是先整体、后局部，先读懂简单部分，再分析复杂部分，解决难点。

（3）尺寸和技术要求分析　分析零件的长、宽、高三个方向的尺寸基准，从基准出发查找各部分的定形尺寸（确定形状大小的尺寸）和定位尺寸（确定各组成部分间相对位置的尺寸）。分析尺寸的加工精度要求及其作用，必要时还要联系与该零件有关的零件一起分析，以便深入理解尺寸之间的关系，以及所标注的尺寸公差、几何公差和表面粗糙度等技术要求的设计意图。

（4）综合归纳　零件图表达了零件的结构形状、尺寸及其精度要求等内容，它们之间是相互关联的。读图时，应将视图、尺寸和技术要求综合考虑，才能对所读零件图形成完整的认识。

3. 案例分析

图 2-14 为车床尾座空心套零件图。下面以车床尾座空心套为例，说明零件图的识读方法和步骤。

（1）看标题栏　由标题栏可知，零件的名称为车床尾座空心套，属于轴类零件，材料为 45 钢（优质碳素结构钢），绘图比例为 1:2，是按缩小比例绘制的图形。该零件的功用是装顶尖或钻头等，以便支顶工件或进行钻孔。

（2）分析视图　根据视图的布置和有关的标注，首先找到主视图，接着根据投影规律看懂其他视图，并分析所采用的各种表达方法。空心套的视图有 5 个，分别是主、左两个基本视图、两个移出断面图和一个 A 向斜视图。

主视图为用单一剖切面剖切的全剖视图，它表达了空心套内、外的基本形状。主视图的轴线水平放置，符合零件加工位置原则，因为回转体零件一般都在车床和磨床上加工。套筒的外形为 $\phi 55\text{mm} \times 260\text{mm}$ 的圆柱体，内形是由 Morse No. 4 锥孔及 $\phi 26.5\text{mm}$ 和 $\phi 35\text{mm}$ 的圆柱孔组成的全通空套。

左视图只有一个作用，即为 A 向斜视图表明投射方向和位置。A 向斜视图用来表示空心套前上方 45°处外圆表面上的刻线情况。

主视图的下方有两个移出断面，因它们画在剖切线的延长线上，所以没有标注名称。将左下方的断面图与主视图对照，可想象出套筒外表面下方有一宽度为 10mm 的键槽，距离右端 148.5mm 处还有一个从轴线偏下 12mm 的 $\phi 8\text{mm}$ 通孔。右下方的断面图清楚地表达了两

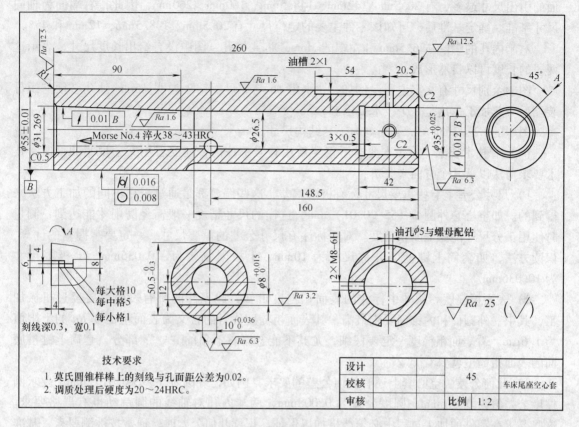

图 2-14　车床尾座空心套零件图

个 M8 的螺孔和一个 $\phi5mm$ 的油孔，从主视图还可看到，此油孔与一个宽度为 2mm、深度为 1mm 的油槽相通。此外，该零件还有内、外倒角和退刀槽等工艺结构。该套筒的立体图如图 2-15 所示。

（3）分析尺寸标注　看懂图样上标注的尺寸是很重要

图 2-15　车床尾座空心套立体图

的。分析尺寸时，应先找到尺寸基准，然后分析定位尺寸、定形尺寸、总体尺寸等。轴套类零件在加工和测量径向尺寸（高度及宽度尺寸）时，均以轴线作为基准，此基准称为径向尺寸基准；而测量轴向尺寸（长度尺寸）时，一般以重要的端面（包括轴肩）作为基准，此端面基准称为轴向尺寸基准。

重要端面的判断过程一般按以下三步进行：

1）看端面上是否标注有基准符号和几何公差代号。

2）看该端面的表面粗糙度要求是否为最高。

3）看该端面引出的尺寸数量是否最多。

以上判断步骤必须按顺序进行，当某端面在某一步骤的判断答案是否定或与其他端面相同时，才能进行下一步判断；以最先判断答案为肯定的端面为重要端面。

空心套的径向尺寸基准为轴线；空心套只有两个端面，由于两端面没有标注几何公差代号，且表面粗糙度要求相同，判断基准时从引出尺寸数量最多的一端确定。由图可知，右端面的引出尺寸最多，有 20.5mm、42mm、148.5mm、160mm、260mm，因此，右端面为轴向尺寸基准。确定基准后，可知该零件主要的定位尺寸有 20.5mm、148.5mm、12mm 和 45°。

对于内孔的中段 $\phi26.5$mm 和左端的 Morse No.4 锥孔，图中没有给出长度尺寸，表示这两段的长度可以自然形成。

图中个别尺寸有文字说明。例如，"油孔 $\phi5$ 与螺母配钻"说明 $\phi5$mm 油孔必须与螺母装配后一起加工，这是一个技术要求。

图中的 $C2$、3mm ×0.5mm 等为工艺结构尺寸。

(4) 看技术要求　看技术要求不仅要看用符号标注的，还要看用文字说明的，通常技术要求可从以下几个方面来分析：

1) 尺寸公差。有些重要尺寸标有极限偏差，这些偏差都是通过采用不同的加工方法来得到的。如空心套外圆 ϕ（55 ±0.01）mm，这样的尺寸精度一般需经磨削才能达到，测量时使用千分尺才能保证测量精度。对于标注有尺寸公差的重要尺寸，一定要掌握它的计算、识读方法，如套筒上键槽的公称尺寸为 10mm，上极限偏差为 + 0.036mm，上极限尺寸为 10.036mm。

2) 表面粗糙度。从图中标注的表面粗糙度可知，此零件的所有表面都要经过机械加工，其中，外圆面和内锥面要求最高，其表面粗糙度代号的含义为表面粗糙度 Ra 的上限值为 1.6μm。看表面粗糙度一定要仔细，尤其不能忽略右下角的"√"部分，套筒上键槽底面的表面粗糙度就要看"√"。

3) 几何公差。空心套上还有几何公差的要求，例如，外圆 ϕ（55 ±0.01）mm，要求圆柱度公差值为 0.016mm，圆度公差为 0.008mm，两端内孔对轴线的圆跳动也有严格要求。这些要求在零件的加工过程中必须严格加以保证。识读几何公差时，通常按被测要素、基准要素、公差项目和公差值来分析。

4) 其他技术要求。图中还有用文字说明的技术要求。第一条规定了锥孔加工时的检验误差。第二条是热处理要求，空心套材料为 45 钢，为了提高材料的强度和韧性，需要对零件整体进行调质处理，要求调质处理后的硬度为 20 ~24HRC；为增加其耐磨性，左端 90mm 长的一段锥孔内表面要求淬火，硬度应达到 38 ~43HRC。

二、简单装配图的识读

装配图是表达机器或部件的图样。

在机械设计中，设计者首先画出装配图，具体表达所设计机器或部件的工作原理和结构，然后根据装配图分别绘制零件图。在机械制造过程中，首先要根据零件图加工零件，然后按装配图将其装配成部件或总装成机器。在机械设备的使用和维修中，也时常要通过装配图了解机器的使用性能、传动路线及操作方法，以做到操作使用正确，维护保养及时。因此，装配图是反映设计构思、指导生产、交流技术的重要工具。同零件图一样，装配图是生产中的重要技术文件之一。

1. 装配图的内容

(1) 一组图形　运用必要的视图和各种表达方法，表达出机器或部件的装配组合情况，各部件间的相互位置、连接方式和配合性质，并能由图形分析了解机器或部件的工作原理、传动路线和使用性能等。

（2）必要的尺寸　装配图中只需注明机器或部件的规格、性能及装配、检验、安装时所必需的尺寸。

（3）必要的技术条件　用文字说明或标注符号指明机器或部件在加工、装配、调试、安装和使用时的技术要求。

（4）零件序号和明细栏　为了便于读图、管理图样和组织生产，装配图中必须对每种零件编写序号，并填写相应零件明细栏，以说明零件的名称、材料、数量等。

（5）标题栏　包括机器或部件的名称、图号、比例及图样的责任者签字等内容。

2. 识读装配图的一般方法和步骤

（1）概括了解，弄清表达方法　读装配图时，首先要读标题栏、明细栏和产品说明书等有关技术资料，了解装配体的名称、性能、功用。从视图中大致了解装配体的形状、尺寸和技术要求，对装配体有一个基本的感性认识。

例如，读如图 2-16 所示的机用虎钳装配图时，首先应了解机用虎钳是机床上夹持工件的一种部件，它由 17 种零件组成，最大夹持厚度为 178mm。

随后对装配图的表达方法进行分析。弄清各视图的名称、所采用的表达方法及各视图间的相互关系，为详细研究装配体的结构打好基础。

机用虎钳装配图包括三个基本视图。主视图采用了通过螺杆轴线的局部剖视图，表达了机用虎钳的主要装配主线；左下角局部保留外形，是为了表达钳座和钳身间的外部形状。左视图采用了通过 A—A 剖切面的半剖视图，用以表达钳口座与钳身、钳身与钳座间的装配连接关系。俯视图除局部采用拆卸画法表示钳座上的环槽和螺栓贯入孔外，主要是外形视图，表达机用虎钳俯视方向的总体轮廓。

（2）具体分析，掌握形体结构　在对全图概括了解的基础上，需对装配体进行细致的形体分析，以彻底了解装配体的组成情况，各零件的相互位置及传动关系，想象出各主要零件的结构形状。

首先，要按视图间的投影关系，利用零件序号和明细栏及剖视图中的剖面线的差异，分清图中前后件、内外件的互相遮盖关系，将组合在一起的零件逐一进行分解识别，明确每个零件在相关视图中的投影位置和轮廓。在此基础上，构想出各零件的结构形状。

然后，仔细研究各相关零件间的连接方式、配合性质，判明固定件与运动件，明确各传动路线的运动情况和作用。

具体分析机用虎钳装配图可以看出，其组成零件中，除一些螺栓、螺钉、垫圈、锥销等标准件外，主要零件是钳座 1、钳身 2、中心轴 6、钳口座 9、螺母 10 和螺杆 11 等。

从主视图中，可以看出钳座的高度和内部形状，中间有一 $\phi40mm$ 的孔与中心轴配合。对照俯、左视图，可以看出其外部形状，上部为短圆锥体，锥面上有刻度；下部在短圆柱体两侧有长方体，其两端开有长槽，利用螺栓 15 与床面连接，用以将机用虎钳固定在床面上。钳座上还有一个环状 T 形槽，内装螺栓 14，用以固定钳身。钳身 2 为机用虎钳中形体最大的零件，由主视图有关轮廓与剖面线可看出其基本形状，其下部由 $\phi50mm$ 孔通过中心轴与钳座定位连接，并可绕该轴旋转一定角度，用两个螺栓 14 固定在钳座上。上部右端的圆孔是支承虎钳螺杆 11 的，而左端圆孔则不起支承作用。虎钳螺杆 11 是虎钳的主要传动件，它在钳身上通过左端的挡圈和锥销固定，轴向不能移动。利用右端方头旋转螺杆时，通过与钳口座固定在一起的螺母 10，即可带动钳口座 9 左右移动。

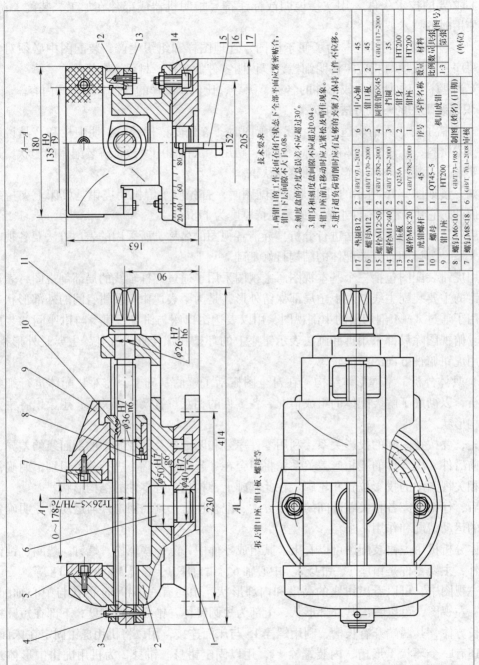

技术要求

1. 两钳口的工作表面在闭合状态下全部平面应紧密贴合，钳口上下间隙不大于0.08。
2. 刻度盘的分度总误差不应超过30'。
3. 钳身和刻度盘间隙不应超过0.04。
4. 钳口座前后移动时应灵活无卡阻现象。
5. 进行超负荷切削削时应有足够的夹紧力以保持工件不位移。

17	垫圈B12	GB/T 97.1—2002	6	中心轴		1	45	比例数量共用图（图号）
16	螺母M12	GB/T 6170—2000	4	5	钳口板	2	45	
15	螺栓M12×50	GB/T 5782—2000	2	4	圆锥销6×45	1	GB/T 117—2000	1:3 依据
14	螺栓M12×40	GB/T 5782—2000	2	3	挡圈	1	35	
13	压板	Q235A	2	钳身		1	HT200	（件名）
12	螺栓M8×20	GB/T 5782—2000	6	2	钳口座	1	HT200	
				序号	零件名称	数量	材料	
11	虎钳底座	45			机用虎钳			
10	钳口座	HT200	1	制图（姓名）（日期）				
9	螺钉M6×10	GB/T 73—1985	1		审核			
8	螺钉M8×18	GB/T 70.1—2008	6					
7								

图2-16 机用虎钳装配图

装配钳口座、钳口板、螺母等

A—A

（3）归纳总结，获得完整概念　在作了表达分析和形体结构分析的基础上，进一步完善构思，归纳总结，可得到对装配体总体认识。即能结合装配图说明其传动路线、拆装顺序，以及安装、使用中应注意的问题。

机用虎钳的主要工作性能和传动关系是：用扳手转动虎钳螺杆 11，迫使螺母 10 带动钳口座 9 左右移动，即可夹紧或松开工件。被夹工件的厚度可在 0～178mm 的范围内变化。当工件需要转动角度时，可松开螺栓 14 上的螺母，使钳身绕中心轴旋转，转角可在钳座刻度上读出；转到需要位置后，利用螺栓 14 将其紧固。加工工件过程中，掉入钳身凹槽中的切屑可由钳身右部方孔中清除。螺栓 14 因经常拧动，应能随时更换，可以从俯视图局部拆卸画法处显示的贯入孔中换取。

单元三

钳工金属材料与热处理基础知识

 学习目标

1. 掌握常用金属材料的牌号、特性及相关的热处理知识。
2. 了解常用机械工程材料的类别和用途，初步具有正确使用常用金属材料的能力。

机械是由构件组成的，而构件是由材料制成的，没有材料就没有机械。机械零件质量的好坏和使用寿命的长短都与其材料直接相关。

第一节　金属材料的性能

金属材料之所以获得了广泛应用，是由于它具有许多良好的性能。金属材料的性能是选择材料的主要依据，其性能包括使用性能和工艺性能两类。

（1）使用性能　金属材料在使用条件下所表现出来的性能，包括物理性能、化学性能和力学性能等。

（2）工艺性能　金属材料从冶炼到成品的生产过程中，在各种加工条件下表现出来的性能。它包括铸造性能、锻压性能、焊接性能、切削加工性能、热处理性能等。

一、金属材料的物理性能

金属材料的物理性能是金属固有的属性，包括密度、熔点、导热性、导电性、热膨胀性和磁性等。

1. 密度

某种物质单位体积的质量称为该物质的密度，其单位为 kg/m³。根据密度的大小，金属材料分为轻金属和重金属，一般密度小于 4.5×10^3 kg/m³ 的金属称为轻金属。在航空工业和汽车工业中，为增加有效载重量，密度是选材时需要考虑的重要因素。

2. 熔点

金属或合金从固态向液态转变时的温度称为熔点，其单位一般为摄氏度（℃）。金属都有固定的熔点，合金的熔点取决于它的成分。熔点是金属和合金冶炼、铸造、焊接时的重要工艺参数。

3. 导热性

金属材料传导热量的性能称为导热性。导热性的大小通常用热导率来衡量，热导率的单位是 W/（m·K）。热导率大的金属材料的导热性好，金属的导热性以银为最好，铜、铝次之。

4. 导电性

金属材料传导电流的性能称为导电性。衡量金属材料导电性能的指标是电阻率 ρ，电阻率的单位是 $\Omega \cdot cm$，电阻率越小，金属的导电性越好。金属的导电性以银为最好，铜、铝次之。

5. 热膨胀性

金属材料随温度变化而膨胀、收缩的特性称为热膨胀性。常用线膨胀系数 α_1 表示热膨胀性。

6. 磁性

金属材料在磁场中被磁化的性能称为磁性。

二、金属材料的化学性能

金属材料的化学性能是指金属在化学作用下所表现出来的性能，包括耐蚀性、耐氧化性和化学稳定性等。

1. 耐蚀性

耐蚀性是指金属材料在常温下抵抗氧化、水蒸气及其他化学介质腐蚀破坏作用的能力。

2. 耐氧化性

金属材料抵抗氧化作用的能力称为耐氧化性。温度升高，金属材料的氧化加速。

3. 化学稳定性

化学稳定性是金属材料的耐蚀性和耐氧化性的总称。金属材料在高温下的化学稳定性称为热稳定性。在高温条件下工作的设备（如锅炉、加热设备、汽轮机和喷气发动机等）的部件需要选择热稳定性好的材料来制造。

三、金属材料的力学性能

金属材料在外力的作用下所表现出来的性能称为力学性能，包括强度、塑性、硬度、韧性及疲劳强度。在机械设备及工具的设计、制造中选用金属材料时，大多以力学性能为主要依据，因此，熟悉和掌握金属材料的力学性能是非常重要的。

金属材料在加工及使用过程中所受的外力称为载荷。根据作用性质的不同，载荷可以分为静载荷（大小不变或变动很慢的载荷）、冲击载荷（突然增加的载荷）及交变载荷（周期性或非周期性的动载荷）三种。

金属材料受不同载荷作用而发生的几何形状和尺寸的变化称为变形，变形一般分为弹性变形（载荷去除后，金属材料可恢复原来的几何形状和尺寸）和塑性变形（永久变形）。金属受外力作用后，为保持其不变形，在材料内部作用着与外力相对抗的力称为内力。单位面积上的内力称为应力，用符号 σ 表示。金属材料的部分力学性能指标是用应力来表示的。

1. 强度

金属材料在静载荷的作用下抵抗塑性变形或断裂的能力称为强度。强度的大小通常用应力来表示，并通过拉伸试验测得。拉伸试验的方法是用静拉力对标准试样进行轴向拉伸，同时连续测量力和相应的伸长量，直至试样断裂。根据测得的数据，即可求出有关的力学性能。

（1）屈服强度（σ_s）　试样在拉伸过程中出现屈服现象，即在拉伸试验过程中，力不增加，试样仍能继续伸长时所对应的应力 σ_s 称为屈服强度。材料的屈服强度越高，允许的工作应力越高，则零件的截面尺寸及自身质量就可以减小。屈服强度是机械设计的主要依据，也是评定金属材料优劣的重要指标。

（2）抗拉强度（σ_b）　抗拉强度是在拉伸试验过程中，材料在拉断前所能承受的最大应力，用符号 σ_b 表示。抗拉强度表示材料在拉伸载荷作用下的最大均匀变形抗力，是机械零件设计和选材的重要依据。

2. 塑性

金属材料在静载荷的作用下产生永久变形的能力称为塑性。塑性指标也是由拉伸试验测得的。常用的塑性指标有伸长率 δ（试样拉断后，标距的伸长量与原始标距的百分比）和断面收缩率 ψ（试样拉断后，缩颈处截面积的最大缩减量与原始横截面积的百分比）。伸长率和断面收缩率越大，则材料的塑性越好。塑性好的材料不仅能顺利地进行锻压、轧制等成形工艺，而且在使用时万一超载，由于塑性变形能避免突然断裂，因此比较安全。

3. 硬度

金属材料抵抗局部变形（特别是塑性变形）、压痕或划痕的能力称为硬度。机械制造业所用的刀具、量具、模具等，都应具备足够的硬度，才能保证其使用性能和寿命。

硬度试验简便易行，工业上广泛采用静试验力压入法测量硬度，即在规定的静态试验力下将压头压入材料表面，用压痕深度或压痕表面面积来评定硬度。根据压头形状、材料等测试因素不同，常用的主要有布氏硬度（HB）、洛氏硬度（HR）和维氏硬度（HV）等。

4. 韧性

金属材料抵抗冲击载荷作用而不破坏的能力称为韧性。目前，常用一次摆锤冲击弯曲试验来测定金属材料的韧性。冲击试样缺口处单位横截面积上的冲击吸收功，称为冲击韧度，用 a_K 表示，其单位为 J/cm^2。冲击吸收功是评定材料的韧性好坏的重要指标之一，其值越大，表示材料的韧性越好。

5. 疲劳强度

在交变应力的作用下，虽然零件所承受的应力低于其材料的屈服强度，但经过较长时间的工作而产生裂纹或突然完全断裂的过程称为金属的疲劳。金属材料在无限多次交变载荷的作用下而不破坏的最大应力即疲劳强度或疲劳极限。对称循环强度用 σ_{-1} 表示。

四、金属材料的工艺性能

金属材料的工艺性能是指金属材料在各种加工条件下表现出来的适应能力，包括铸造性能、锻压性能、焊接性能和切削加工性。

1. 铸造性能

铸造是指熔炼金属，制造铸型，并将熔融的金属浇入铸型，凝固后获得一定形状和性能的铸件的成形方法。金属及合金获得优良铸件的能力称为铸造性能。灰铸铁具有优良的铸造性能，而铸钢的流动性差，所以其铸造性能也比灰铸铁差。

2. 锻压性能

锻压是指固态金属在外力的作用下产生塑性变形，获得具有一定形状、尺寸和力学性能的材料、毛坯或零件的成形加工方法。金属材料利用锻压加工方法成形的难易程度称为锻压性能。塑性越好，变形抗力越小，金属的锻压性能就越好。钢的锻压性能以低碳钢为最好，中碳钢次之，高碳钢较差。

3. 焊接性能

焊接是指通过加热、加压或两者并用，使连接件达到原子结合的一种加工方法。金属材料在一定焊接工艺条件下，获得优良焊接接头的难易程度称为焊接性能。金属材料的焊接性主要与其化学成分有关，钢的焊接性以碳的含量影响最大。一般情况下，低碳钢具有良好的焊接性能，高碳钢、铸铁的焊接性能较差。

4. 切削加工性能

金属材料切削加工的难易程度称为切削加工性能。一般认为，金属材料具有适当的硬度和足够的脆性时较易切削。所以，铸铁比钢的切削加工性能好，碳钢比高合金钢的切削性能好。改变钢的化学成分和进行适当的热处理，是改善其切削加工性能的重要途径。

第二节　常用金属材料

金属材料分为钢铁材料（黑色金属）和非铁金属（有色金属）。

一、碳素钢

碳的质量分数小于 2.11% 且不含有特意加入合金元素的钢称为碳素钢，简称碳钢。碳素钢中除铁和碳两种元素外，还含有一些其他的元素（如硅、锰、硫、磷）和非金属夹杂物等。其中，锰、硅是在炼钢过程中加入脱氧剂时带入钢中的，它们能提高钢的强度和硬度，是有益元素；硫、磷是炼钢时通过原材料进入钢中，是有害元素。

1. 碳素钢的分类

碳素钢的分类方法很多，常用的分类方法有以下几种。

（1）按钢的含碳量分类　可分为低碳钢、中碳钢和高碳钢。

（2）按钢的质量分类　可分为普通质量钢、优质钢、高级优质钢和特殊质量钢。

（3）按钢的用途分类　可分为：

1）结构钢。用于制造各种机械零件和工程结构件，这类钢一般属于低碳、中碳钢。

2）工具钢。用于制造各种刀具、量具和模具，这类钢一般属于高碳钢。

（4）按脱氧方法分类　可分为沸腾钢（不完全脱氧）、镇静钢（完全脱氧）和特殊镇静钢。

在实际使用中，钢厂在给钢的产品命名时，往往将成分、质量和用途三种分类方法结合起来，如将钢称为优质碳素结构钢、高级优质碳素工具钢等。

2. 碳素钢的牌号

（1）碳素结构钢　碳素结构钢因价格便宜，产量较大，而被大量用于金属结构和一般机械零件的制造。其根据质量可分为普通碳素结构钢和优质碳素结构钢。

1）普通碳素结构钢。普通碳素结构钢的牌号由表示屈服强度的汉语拼音字首"Q"、表示屈服强度的数值、质量等级符号和脱氧方法符号四个部分按顺序组成。例如，Q235AF 表示脱氧方法为沸腾钢，质量等级为 A 级，屈服强度为 235MPa 的普通碳素结构钢。普通碳素结构钢的常见牌号、化学成分、力学性能及应用举例见表 3-1。

表 3-1　普通碳素结构钢的常见牌号、化学成分、力学性能及应用举例

普通碳素结构钢牌号	等级	化学成分（%），不大于					脱氧方法	拉伸试验			应用举例
		C	Mn	Si	S	P		σ_s/(N/mm^2)	σ_b/(N/mm^2)	δ（%）	
Q195	—	0.12	0.50	0.30	0.040	0.035	F、Z	(195)	315～430	33	焊接性好，塑性好，强度低。用于工程结构桥梁、高压线塔等，以及钉子、铆钉、垫块、小轴、拉杆、连杆、螺栓、螺母、法兰等不太重要的零件
Q215	A	0.15	1.20	0.35	0.050	0.045	F、Z	215	335～450	31	
	B				0.045						
Q235	A	0.22	1.4	0.35	0.050	0.045	F、Z	235	375～500	26	
	B	0.20			0.045						
	C	0.17			0.040	0.040	Z				
	D				0.035	0.035	TZ				
Q275	A	0.24	1.5	0.35	0.050	0.045	Z	275	410～540	22	用于制造受力中等的普通零件，如拉杆、连杆、转轴、心轴齿轮、键等
	B	0.21 0.22			0.045		Z				
	C	0.20			0.040	0.040	Z				
	D				0.035	0.035	TZ				

2）优质碳素结构钢。优质碳素结构钢用来制造重要的机械零件，使用前一般都要经过热处理来改善其力学性能。优质碳素结构钢的牌号用两位数字表示，代表钢中平均碳的质量分数的万分之几。例如，45 表示碳的质量分数平均为 0.45% 的优质碳素结构钢，08 表示平均碳的质量分数为 0.08% 的优质碳素结构钢。

常用优质碳素结构钢的牌号、力学性能及用途举例见表 3-2。

表 3-2　常用优质碳素结构钢的牌号、力学性能及用途举例

牌号	σ_s/MPa，不小于	σ_b/MPa，不小于	δ（%），不小于	ψ（%），不小于	A_K/J，不小于	HBW 热轧	用途举例
08	195	325	33	60	—	131	属于软钢。强度低，塑性好，用于制造冷轧钢板、深冲压件
10	205	335	31	55	—	137	
15	225	375	27	55	—	143	属于低碳钢。强度低，塑性、焊接性好，用于制造冲压件、焊接件。如经渗碳淬火，可提高表面硬度和耐磨性，用于高速、重载和受冲击件
20	245	410	25	55	—	156	
25	275	450	23	50	71	170	
30	295	490	21	50	63	179	属于中碳钢。调质后具有良好的力学性能，用于受力较大的重要件。如再经表面淬火，可提高表面硬度和耐磨性，用于高速重载重要件，如齿轮类零件等
35	315	530	20	45	55	197	
45	355	600	16	40	39	229	
55	380	645	13	35	—	255	

（续）

牌号	σ_s	σ_b	δ	ψ	A_K	HBW	用途举例
	/MPa，不小于		（%），不小于		/J，不小于	热轧	
60	400	675	12	35	—	255	属于高碳钢。经淬火、中、低温回火，弹性或耐磨性高，用于弹簧、板簧、螺旋弹簧等弹性元件及耐磨件等
65	410	695	10	30	—	255	
65Mn	430	735	9	30	—	285	
70Mn	450	785	8	30	—	285	

（2）碳素工具钢　碳素工具钢是用于制造刀具、模具和量具的钢。由于大多数工具都要求具有高硬度和高耐磨性，故工具钢中碳的质量分数都在 0.70% 以上，都是优质钢或高级优质钢。

碳素工具钢的牌号用汉语拼音字母"T"后面加阿拉伯数字表示，其中，数字表示钢中平均碳的质量分数的千分之几。例如，T8 表示碳的质量分数为 0.80% 的碳素工具钢。若为高级优质碳素工具钢，则在牌号后面标以字母"A"，如 T12A 表示平均碳的质量分数为1.20% 的高级优质碳素工具钢。碳素工具钢的牌号、碳的质量分数、力学性能和应用举例见表 3-3。

表 3-3　碳素工具钢的牌号、碳的质量分数、力学性能和应用举例

牌号	碳的质量分数（%）	退火后的硬度（HBW）	淬火后的硬度（HRC）	应用举例
		不大于	不小于	
T7、T7A	0.65 ~ 0.74	187	62	錾子、模具、锤子、木工工具及钳工装配工具等不受大的冲击，需较高硬度和耐磨性的工具
T8、T8A	0.75 ~ 0.84	187	62	
T9、T9A	0.85 ~ 0.94	192	62	刨刀、冲模、丝锥、手工锯条及卡尺等受中等冲击的工具和耐磨机件
T10、T10A	0.95 ~ 1.04	197	62	
T11、T11A	1.05 ~ 1.14	207	62	
T12、T12A	1.15 ~ 1.24	207	62	钻头、锉刀、刮刀等不受冲击，且要求具有极高硬度的工具和耐磨机件
T13、T13A	1.25 ~ 1.35	217	62	

二、合金钢

碳素钢因其淬透性差，缺乏良好的综合力学性能而不能满足工业生产的各种需求。此外，碳素钢缺乏一些特殊性能，如耐热、耐蚀、高磁性、无磁性、耐磨等。于是产生了各种合金钢，以适应工业生产对钢材的更高要求。

所谓合金钢是为了改善钢的性能，特意加入一种或数种合金元素的钢。常用的合金元素有硅、锰、铬、镍、钨、钒、钴、铅、钛和稀土金属等。合金元素是通过与钢中的铁和碳发生作用，以及合金元素之间的相互作用，来影响钢的组织和改善钢的热处理性能等，以满足各种使用性能的要求。

1. 合金钢的分类

合金钢的分类方法很多，常用的有下面两种。

（1）按合金钢的用途分类　可分为合金结构钢、合金工具钢和特殊性能钢。

（2）按合金钢所含合金元素总含量分类　可分为低合金钢、中合金钢和高合金钢。

2. 合金结构钢

合金结构钢按用途可分为低合金结构钢和机械制造用钢两大类。

（1）合金结构钢的牌号　合金结构钢的牌号采用两位数字（碳的质量分数）＋元素符号＋数字来表示。前面两位数字表示平均碳的质量分数的万分之几，元素符号表示钢中的主要合金元素，其后面的数字表示合金元素的含量。合金元素的平均质量分数 <1.5% 时不标出；如果其平均质量分数为 1.5% ~2.5%，则标为 2；如果平均质量分数为 2.5% ~3.5%，则标为 3，依此类推。例如，60Si2Mn 钢为合金结构钢，其平均碳的质量分数为 0.60%，主要合金元素为质量分数为 1.5% ~2.5% 的硅和小于 1.5% 的锰。

（2）低合金高强度结构钢　低合金高强度结构钢的牌号由代表屈服强度的汉语拼音字首、屈服强度数值、质量等级符号和脱氧方法符号四部分组成。例如，Q390A 表示屈服强度不小于 390MPa，质量等级为 A 级的低合金高强度结构钢。专用结构钢一般在上述表示方法的基础上加钢产品的用途符号，如 Q295HP 表示焊接气瓶用钢、Q345R 表示压力容器用钢等。常用低合金高强度结构钢的牌号、力学性能及应用见表 3-4。

表 3-4　常用低合金高强度结构钢的牌号、力学性能及应用举例

牌号	质量等级	σ_b/MPa			σ_s/MPa			δ（%）			应 用 举 例
		≤16mm	>16 ~ 40mm	>40 ~ 63mm	≤40mm	>40 ~ 63mm	>63 ~ 80mm	≤40mm	>40 ~ 63mm	>63 ~ 100mm	
Q345	A	≥345	≥335	≥325	470 ~ 630	470 ~ 630	470 ~ 630	≥20	≥19	≥19	船舶、锅炉、压力容器、石油储罐、桥梁、电站设备、起重运输机械
	B										
	C							≥21	≥20	≥20	
	D										
	E										
Q390	A	≥390	≥370	≥350	490 ~ 650	490 ~ 650	490 ~ 650	≥20	≥19	≥19	大型船舶、桥梁、电站设备、中高压锅炉、高压容器、机车车辆、起重机械、矿山机械
	B										
	C										
	D										
	E										
Q420	A	≥420	≥400	≥380	520 ~ 680	520 ~ 680	520 ~ 680	≥19	≥18	≥18	
	B										
	C										
	D										
	E										
Q460	C	≥460	≥440	≥420	550 ~ 720	550 ~ 720	550 ~ 720	≥17	≥16	≥16	各种大型工程结构及要求强度高、载荷大的轻型结构
	D										
	E										

（3）机械制造用钢　机械制造用钢主要用于制造各种机械，按用途及热处理特点可分为渗碳钢、调质钢、弹簧钢和滚动轴承钢等。滚动轴承钢的牌号与其他合金结构钢有所不

同，为表示钢的用途在钢号前冠以"滚"字的汉语拼音字头，而不标出含碳量；铬的含量用千分数表示，其余元素的含量与其他合金结构钢的表示方法相同。例如，GCr15 表示铬的质量分数为 1.5% 的滚动轴承钢；GCr15SiMn 表示铬的质量分数为 1.5%，硅、锰的质量分数均小于 1.5% 的滚动轴承钢。

常用机械制造用钢的牌号、力学性能及用途举例见表3-5。

表3-5　常用机械制造用钢的牌号、力学性能及用途举例

类　　别	牌　　号	σ_b/MPa	σ_s/MPa	δ（%）	ψ（%）	A_K/J	用途举例
		不　　小　　于					
合金渗碳钢	20Cr	835	540	10	40	47	齿轮、齿轮轴、凸轮、活塞销
	20CrMnTi	1080	850	10	45	55	汽车、拖拉机上的变速器齿轮、传动轴等
合金调质钢	40Cr	980	785	9	45	47	齿轮、花键轴、连杆、主轴等
	38CrMoAlA	980	835	14	50	71	磨床主轴、精密丝杠、量规、样板等
合金弹簧钢	60Si2Mn	1200	1300	5	25	—	20～25mm 以下的小型弹簧（可用于 230℃以下的温度）
	50CrVA	1150	1300	10	40	—	30～50mm 的弹簧（可用于 210℃以下的温度）
滚动轴承钢	GCr15	回火后硬度（HRC）62～64					ϕ50mm 的滚珠，壁厚 < 12mm、外径 <250mm的套圈
	GCr15SiMn						> ϕ50mm 的滚珠，> ϕ22mm 滚柱，壁厚 >12mm、外径 >250mm 的套圈

3. 合金工具钢

合金工具钢牌号的表示方法为：一位数字（表示平均碳的质量分数的千分数，当碳的质量分数大于或等于 1.00% 时不予标出）＋元素符号（表示钢中含有的主要合金元素）＋数字（表示合金元素的含量，表示方法与合金结构钢相同）。例如，9SiCr 表示平均碳的质量分数为 0.9%，Si、Cr 的质量分数都小于 1.5% 的合金工具钢。

合金工具钢按用途可分为刃具钢、模具钢和量具钢。常用合金工具钢的性能和用途举例见表3-6。

表3-6　常用合金工具钢的性能和用途举例

类　　别	牌　　号	特　　性	用途举例
低合金刃具钢	9SiCr	高硬度，高耐磨性，高淬透性，变形小	冲模、板牙、丝锥、钻头、铰刀、拉刀、齿轮铣刀等
	CrWMn		精密丝杠、丝锥等
高速工具钢	W18Cr4V	高热硬性，高硬度，高耐磨性，高强度	车刀、钻头、铣刀、铰刀等刀具，还用作板牙、丝锥、扩孔钻、拉丝模、锯片等
	W6Mo5Cr4V2		插齿刀、铣刀、丝锥、钻头等
冷作模具钢	9SiCr、GCr15	高硬度耐磨性，高淬透性，强度韧性好，变形小	小尺寸、形状简单、受力不大的模具
	Cr12、Cr12MoV		截面大、负荷大的拉丝模、冲模、冷剪刀、细纹滚模等

（续）

类　别	牌　号	特　　性	用　途　举　例
热作模具钢	5CrNiMo	高温下强度韧性高，耐磨性及抗热疲劳性好	大热锻模
	3Cr2W8V		尺寸大的压铸模及热挤压模
量具钢	CrMn、GCr15、	高硬度、高耐磨性、高的尺寸稳定性和足够的韧性	游标卡尺、千分尺、塞规、高精度量规或量块
	CrWMn		高精度、形状复杂的量规或量块

4. 特殊性能钢

特殊性能钢是指具有特殊物理、化学性能的钢。

（1）不锈钢　不锈钢是在空气和弱腐蚀介质中具有耐蚀能力的钢。常用的不锈钢主要有铬不锈钢和铬镍不锈钢，常见的铬不锈钢的牌号有 12Cr13、20Cr13、30Cr13 和 40Cr13，此类钢中铬的质量分数约为 13%，碳的质量分数为 0.1%～0.4%；常见的铬镍不锈钢牌号有 06Cr19Ni10N、10Cr18Ni12。

（2）耐热钢　钢的耐热性是高温耐氧化性和高温强度的总称。耐热钢的常用牌号有 42Cr9Si2、40Cr10Si2Mo。

（3）耐磨钢　耐磨钢主要用于制造承受严重磨损和强烈冲击的零件，目前最常用的耐磨钢是高锰钢，这种钢基本上都是铸造成形的，因而牌号写成 ZGMn13，即铸造高锰钢。

三、铸铁

铸铁是碳的质量分数大于 2.11% 的铁碳合金。铸铁具有良好的铸造性能、切削加工性能、耐磨性及减振性，经合金化处理后还具有良好的耐热性和耐蚀性。同时，其生产工艺简单，价格便宜，在工业生产中应用广泛。

根据碳在铸铁中的存在形式和形态不同，铸铁可分为白口铸铁、灰铸铁、可锻铸铁和球墨铸铁。

1. 灰铸铁

灰铸铁是生产中应用最广泛的铸铁。灰铸铁具有优良的铸造性能、良好的切削加工性、良好的减摩性和减振性及较低的缺口敏感性等，因而被广泛用来制作各种承受载荷和要求具有减振性能的床身、机架，以及结构复杂的箱体、壳体和承受摩擦的导轨、缸体等。

灰铸铁的牌号由"HT"加数字组成，其中"HT"是"灰"与"铁"的汉语拼音字首，数字表示其最低的抗拉强度值。例如，HT100 表示最低抗拉强度为 100MPa 的灰铸铁。常用灰铸铁的牌号、力学性能和用途见表 3-7。

表 3-7　常用灰铸铁的牌号、力学性能和用途

牌　号	σ_b/MPa（不小于）	HBW	用　途
HT100	100	≤170	低负荷和不重要的零件，如外罩、手轮、支架和重锤等
HT150	150	125～205	承受中等负荷的零件，如汽轮机、泵体、轴承座和齿轮箱等
HT200	200	150～230	承受较大负荷的零件，如气缸、齿轮、液压缸、阀壳、飞轮、床身、活塞、制动鼓、联轴器和轴承座等
HT250	250	180～250	
HT300	300	200～275	承受高负荷的重要零件，如齿轮、凸轮、车床卡盘、剪床和压力机的机身、床身、高压液压缸、滑阀壳体等
HT350	350	220～290	

2. 可锻铸铁

可锻铸铁的强度较高，韧性好，并由此得名"可锻"，但实际上并不可锻。

我国常用的可锻铸铁有黑心可锻铸铁和珠光体可锻铸铁。可锻铸铁的牌号由"KTH"、"KTZ"及后面的两组数字组成。其中，"KT"是"可铁"两字的汉语拼音字首，"H"表示黑心，"Z"表示以珠光体为基体；其后两组数字分别表示最低抗拉强度值和最低延伸率。可锻铸铁的牌号和用途见表3-8。

表3-8　可锻铸铁的牌号和用途

基体类别	牌　号	σ_b/MPa	δ（%）	HBW	用　　途
		不小于			
铁素体	KTH 300-06	300	6	≤150	汽车、拖拉机的后桥外壳、转向机构、弹簧钢板支座等，机床上用的扳手，压阀门、管接头和农具等
	KTH 330-08	330	8		
	KTH 350-10	350	10		
	KTH 370-12	370	12		
珠光体	KTZ 450-06	450	6	150~200	曲轴、连杆、齿轮、凸轮轴、摇臂和活塞环等
	KTZ 550-04	550	4	180~230	
	KTZ 650-02	650	2	210~260	

3. 球墨铸铁

球墨铸铁的力学性能比灰铸铁和可锻铸铁都好，其抗拉强度、塑性、韧性与相应基体组织的铸钢相近，而成本接近于灰铸铁，并保留了灰铸铁的优良性能，即优良的切削加工性、铸造性能、减振性和耐磨性。

球墨铸铁的牌号由"QT"及后面的两组数字组成。"QT"为"球铁"两字的汉语拼音字首，后面的两组数字分别表示最低抗拉强度值和最低延伸率。球墨铸铁的牌号和用途见表3-9。

表3-9　球墨铸铁的牌号和用途

基体类型	牌　号	σ_b/MPa	σ_{r02}/MPa	δ（%）	HBW	用　　途
铁素体	QT400-18	400	250	18	120~175	阀体、汽车内燃机零件和机床零件
	QT400-15	400	250	15	120~180	
	QT450-10	450	310	10	160~210	
铁素体+珠光体	QT500-7	500	320	7	170~230	机油泵齿轮、机车车辆轴瓦
	QT600-3	600	370	3	190~270	
珠光体	QT700-2	700	420	2	225~305	柴油机曲轴、凸轮轴、气缸体、气缸套、活塞环，部分磨床、车床的主轴等
	QT800-2	800	480	2	245~335	
回火马氏体或屈氏体+索氏体	QT900-2	900	600	2	280~360	拖拉机减速齿轮、柴油机凸轮轴等

四、非铁金属（有色金属）

通常把除了钢铁以外的其他金属材料称为非铁金属，也就是常说的有色金属。有色金属的种类很多，其产量和使用量虽不及钢铁材料，但由于它们具有许多独特的性能，因此也是现代工业中不可缺少的金属材料。有色金属中应用较广的是铝、铜及其合金。

1. 铝及铝合金

纯铝是银白色金属。铝是自然界储量最丰富的金属元素。铝及其合金的主要性能特点是密度小，导电性和导热性好，耐大气腐蚀性能强，加工工艺性能好，无铁磁性。因此，铝及其合金适宜制作要求导电的电线、电缆，以及具有导热和耐大气腐蚀而对强度要求不高的某些制品。

纯铝的强度低，不适宜做结构材料，若往铝中加入适量的硅、铜、镁、锰等合金元素而形成铝合金，则提高了强度，且仍具有密度小、耐蚀性好、导热性好等特点，因此铝合金应用广泛。根据成分及生产工艺特点，铝合金可分为变形铝合金和铸造铝合金。变形铝合金具有良好的塑性，适合进行压力加工；铸造铝合金的塑性较差，不适合进行压力加工，只用于成形铸造。

2. 铜及铜合金

铜元素在地壳中的储量较小，它是人类历史上应用最早的金属。工业纯铜呈玫瑰红色，表面的氧化膜是紫色，其纯度为 99.50% ~ 99.95%（质量分数）。工业纯铜具有良好的导电性和导热性（仅次于银）、耐蚀性差、强度不高、硬度很低、塑性较好，易于冷热压力加工。纯铜的价格昂贵，一般不做结构零件，主要用于制作导电材料及配制铜合金的原料。

铜合金是在铜中加入锌、锡、镍、铅、铝等金属而形成的，可以分为黄铜、青铜、白铜三大类。

五、硬质合金

由于切削速度不断提高，不少刀具的切削刃部分的工作温度已超过 700°C，一般需要采用硬质合金来制造。常用的硬质合金以 WC 为主要成分，根据是否加入其他碳化物而分为以下几类。

1. 钨钴类（WC + Co）硬质合金

这类硬质合金具有较高的抗弯强度和韧性，导热性好，但耐热性和耐磨性较差，主要用于加工铸铁和有色金属。细晶粒的钨钴类硬质合金在钴含量相同时，其硬度和耐磨性较高，强度和韧性稍差，适用于加工硬铸铁、奥氏体不锈钢、耐热合金、硬青铜等。

2. 钨钴钛类（WC + TiC + Co）硬质合金

这类硬质合金和钨钴类硬质合金相比，其硬度、耐磨性、热硬性增大，粘结温度高，耐氧化能力强，而且在高温下会生成 TiO_2，可减少粘结。但其导热性能较差，抗弯强度低，所以适合加工钢等韧性材料。

3. 钨钴钽类（WC + TaC + Co）硬质合金

这类硬质合金在钨钴类硬质合金的基础上添加了 TaC（NbC），提高了常温和高温硬度与强度、抗热冲击性和耐磨性，可用于加工铸铁和不锈钢。

4. 钨钴钛钽类（WC + TiC + TaC + Co）硬质合金

这类硬质合金在钨钴钛类硬质合金的基础上添加 TaC（NbC），提高了抗弯强度、冲击韧度、高温硬度、耐氧化能力和耐磨性，既可以加工钢，又可加工铸铁及有色金属，常称为通用硬质合金（又称为万能硬质合金）。目前主要用于加工耐热钢、高锰钢、不锈钢等难加工材料。

第三节　钢的热处理

热处理是采用适当的方式对金属材料或工件进行加热、保温和冷却，以获得预期的组织结构与性能的工艺。热处理能显著提高钢的力学性能，满足零件的使用要求和延长其寿命；还可以改善钢的加工性能，提高加工质量和劳动生产率。因此，热处理在机械制造中应用广泛。

一、钢的退火

退火是将工件加热到适当温度，保持一定时间，然后缓慢冷却的热处理工艺。退火的目的主要如下：

1）降低硬度，提高塑性，改善切削加工性能和压力加工性能。

2）细化晶粒，改善内部组织和性能。

3）为以后的热处理作准备。

二、钢的正火

正火是将工件加热后，在空气中冷却的热处理工艺。正火的目的与退火基本相同。正火与退火的区别是：正火的冷却速度快，得到的硬度和强度较退火高；操作方便，生产周期短，成本较低。

正火的应用与退火相同，一般作为预备热处理。对于合金调质钢，正火可使其获得均匀而细密的组织，为调质处理做好了组织准备；对于低碳钢或低碳合金钢，正火可以提高其硬度，改善其切削加工性能；对于性能要求不高的零件，以及一些大型或形状复杂的零件，淬火容易使零件开裂，因此宜用正火作为最终热处理。

三、钢的淬火

淬火是将工件加热后放到适当的冷却介质中冷却的热处理工艺。淬火的目的提高钢的强度、硬度和耐磨性。淬火常见的冷却介质有水、盐水和矿物油。淬火与回火配合，能大大提高钢的力学性能，所以淬火是强化钢材的重要热处理工艺。采用淬火工艺的钢中的含碳量越高，其获得的硬度越高，合金钢淬硬层厚度高于碳素钢。

四、钢的回火

回火是将淬火钢重新加热到低于727℃的某一温度，保温一定时间，然后空冷到室温的热处理工艺。回火的目的如下：

1）消除残留内应力，防止钢件变形和开裂。

2）调整工件的硬度、强度、塑性和韧性，达到使用性能要求。

3）稳定组织与尺寸，保证精度。

4）改善和提高加工性能。

回火是工件获得所需性能的最后一道工序。按回火温度范围，回火可分为低温回火、中温回火和高温回火。常用回火的方法、特点及应用见表3-10。

表 3-10　常用回火的方法、特点及应用

种　类	低温回火	中温回火	高温回火
方法	工件在250℃以下进行的回火	工件在250℃～500℃之间进行的回火	工件在500℃以上进行的回火
特点	保持淬火工件的高硬度和耐磨性，降低淬火残留应力和脆性	得到较高的弹性和屈服强度及适当的韧性	得到强度、塑性和韧性都较好的综合力学性能
应用	刃具、量具、模具、滚动轴承、渗碳及表面淬火的零件等	弹簧、锻模和冲击工具等	广泛用于各种较重要的受力结构件，如连杆、螺栓、齿轮及轴类零件等

五、钢的表面热处理

在冲击载荷及表面摩擦条件下工作的零件（如齿轮、凸轮、曲轴、活塞销等）的表面需要具有高硬度和耐磨性，而心部则需要具有足够的塑性和韧性。这类零件需要进行表面热处理。

1. 表面淬火

表面淬火是指仅对工件表面层进行的淬火。其目的是使工件表面具有高硬度、耐磨性，而心部具有足够的强度和韧性。表面淬火一般包括感应淬火和火焰淬火等。

（1）感应淬火　感应淬火是利用感应电流通过工件所产生的热效应，使工件表面受到局部加热，并进行快速冷却的淬火工艺。这种处理异常迅速（几秒或几十秒），而且硬度高，氧化变形小，操作简便，容易实现机械化、自动化，适用于大批量生产。

（2）火焰淬火　火焰淬火是利用氧乙炔火焰，使工件表层加热并快速冷却的淬火工艺。这种方法的加热温度及淬硬层深度不容易控制，淬火质量不稳定，但不需要特殊设备，故适用于单件或小批量的由中碳钢、中碳合金钢制造的大型工件。

2. 钢的化学热处理

钢的化学热处理是将工件置于适当的活性介质中加热、保温、冷却，使一种或几种元素渗入钢件表层，以改变钢件表面层的化学成分、组织和性能的热处理工艺。

根据渗入元素的不同，化学热处理分为渗碳、渗氮和碳氮共渗等。

（1）渗碳　渗碳是把低碳钢工件放在渗碳介质中加热到一定温度，保温足够长的时间，使表面层的碳浓度升高的一种热处理工艺。渗碳通常采用碳的质量分数为0.15%～0.20%的低碳钢或合金渗碳钢，渗碳后表层碳的质量分数可达0.80%～1.05%。工件渗碳后必须进行淬火和低温回火，使表层获得高硬度和耐磨性，而心部仍保持高塑性和韧性。渗碳主要用于承受较大冲击载荷并在严重磨损条件下工作的零件，如齿轮、活塞销和轴类零件等。

（2）渗氮（氮化）　渗氮是在一定温度下，于一定介质中使氮原子渗入工件表层的化学热处理工艺，目前应用最广的是气体渗氮。氮化以后工件的硬度高（可达1000～1200HV），耐磨性高，氧化变形小，并能耐热、耐蚀和耐疲劳等。氮化后不需要进行淬火处理，但工艺时间较长。

化学热处理已从单元素渗发展到多元素复合渗，如碳氮共渗，以使材料具有优良的综合性能。

单元四

钳工其他相关知识

学习目标

掌握钳工数学计算知识、电工常识、常用起重设备及其安全操作规程、相关工种的一般工艺知识。

第一节 数学计算知识

在钳工的日常加工和装配中，经常需要对一些几何形体进行间接测量和计算，如锥度、斜度、V形槽及燕尾槽等。

一、锥度、斜度的计算

1. 锥度的计算

圆锥形零件的大端直径和小端直径之差与锥长之比称为锥度。一些直径较大的钻头和立铣刀的柄部均采用圆锥形。圆锥形具有配合紧密、定位准确和装卸方便等优点。锥度无单位，常用分数或比例的形式写出，如 1/5 或 1:5。

锥度（图4-1）的计算公式为

$$C = \frac{D-d}{L} = 2\tan\frac{\alpha}{2} \tag{4-1}$$

式中　C——锥度；

D——大端直径（mm）；

d——小端直径（mm）；

L——锥长（mm）；

α——圆锥角（°）。

2. 锥度的测量

（1）直接测量法　直接测量法是指用游标万能角度尺直接测量被测角度。游标万能角度尺的分度值通常为 5′ 和 2′，故只能用于检测精度要求较低的角度；对于中、高精度的角

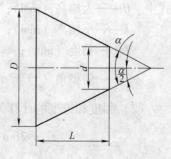

图4-1　锥度

度，则常用光学分度头或测角仪进行测量。测角仪的检测精度较高，主要用于检定角度基准，机械制造业中一般应用较少。

（2）间接测量法　间接测量法是指通过测量与锥度、角度有关的各项尺寸，然后按几何关系换算出被测角的大小。其常用工具有平板、正弦规、钢球、圆柱、量块及通用量具等，可对锥度、角度进行中、高精度等级测量的量具有锥度量规等。对内、外锥度进行间接测量的方法和计算公式见表4-1。

表4-1　锥度的测量

项　　目	简　图	计　算　式
正弦规测量外锥度		$\sin\alpha = \dfrac{h}{L}$ 锥度误差：$\Delta C = \dfrac{h}{l}$（弧度） h：a、b 两点读数差 l：a、b 两点间的距离 $\Delta(2a) = \Delta C \times 2 \times 10^5$（″）
正弦规测量内锥度		$\alpha = \alpha_1 + \alpha_2$ $\sin\alpha_1 = \dfrac{h_1}{L}$ $\sin\alpha_2 = \dfrac{h_2}{L}$ 锥度误差：与测量外锥度同理
圆柱测量外锥度		$\tan\dfrac{\alpha}{2} = \dfrac{M-N}{2H}$

3. 斜度的计算

（1）斜度　工件上的某面相对于基面的倾斜程度称为斜度，如图4-2所示。斜度无单位，常用分数或比例的形式写出，如1/50或1:50。斜度（M）的计算公式为

$$M = \frac{H-h}{L} = \tan\frac{\alpha}{2} \tag{4-2}$$

式中　H——大端高（mm）；

　　　h——小端高（mm）；

　　　L——长度（mm）；

　　　$\dfrac{\alpha}{2}$——斜楔角（°）。

（2）斜度和锥度的计算关系

$$C = 2\tan\frac{\alpha}{2} = 2M \tag{4-3}$$

即截圆锥的斜度是其锥度的一半。

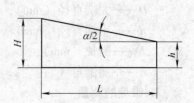

图4-2　斜度

4. 斜度的测量

斜度的测量也就是角度的测量，其测量方法与锥度的测量方法类似。对于精度等级要求不高的斜度，可用游标万能角度尺进行直接测量；对于精度等级要求较高的斜度，可用正弦规进行间接测量，测量方法与锥度的测量相同，如图4-3所示。

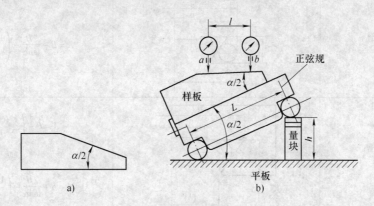

图 4-3　斜度的测量
a）样板　b）测量方法

二、V形槽角度的测量

V形槽在夹具零件中是很常见的，主要用于轴类零件的定位。其角度除可用游标万能角度尺作一般测量外，还可用表4-2所示方法进行较精确的间接测量和计算，常用工具有平板、圆柱、量块及通用量具等。

表 4-2　V形槽角度的测量

项　目	简　图	计　算　式
较小 V 形槽 角度 α 的测量		$\sin \dfrac{\alpha}{2} = \dfrac{(D_1 - D_2)}{2\,[(H_1 - H_2) - (D_1 - D_2)]}$
较大 V 形槽 角度 α 的测量		$\cos \alpha_2 = \dfrac{(H_2 - H_1)}{D}$ $\cos \alpha_1 = \dfrac{(H_3 - H_1)}{D}$

注：三根圆柱量规直径为 D

三、燕尾槽的测量

燕尾槽常用于夹具或机床上的导轨，其导向性好，可以承受两个垂直方向的力。只有在内、外燕尾槽相互间配合良好时，才能满足使用要求。其主要的测量及计算方法见表4-3。

表4-3　燕尾槽的测量和计算

项　目	简　图	计　算　式
外燕尾槽的测量		$A = B - \dfrac{2H}{\tan\alpha} + \left(1 + \dfrac{1}{\tan\dfrac{\alpha}{2}}\right)d$
内燕尾槽的测量		$A = B - \left(1 + \dfrac{1}{\tan\dfrac{\alpha}{2}}\right)d$ 或 $A = b + \dfrac{2H}{\tan\alpha} - \left(1 + \dfrac{1}{\tan\dfrac{\alpha}{2}}\right)d$

第二节　电工常识

一、常用电气设备

1. 电钻

电钻的基本用途是对金属、塑料等材料钻孔，其规格是指加工45钢的最大钻孔直径。电钻有手枪式和手提式两种，通常采用220V或36V的交流电源。

2. 台式钻床

台式钻床一般用来加工直径小于12mm的孔，能调节三挡或五挡转速，变速时必须停车。

3. Z3050摇臂钻床

Z3050摇臂钻床主要由底座、内立柱、外立柱、摇臂、主轴箱、工作台等组成，其上共有四台电动机，分别是主轴电动机、摇臂升降电动机、液压油泵电动机和冷却液泵电动机。

二、安全用电常识

1. 移动式电气设备的安全使用

（1）电钻　使用前应检查电源的引线和插头、插座是否完好无损，通电后用验电笔检查是否漏电。为保证安全，使用电压为220V的电钻时应戴绝缘手套，在潮湿的环境中应采用电压为36V的电钻。

（2）电风扇　每年取出使用电风扇时，应先对其进行全面检查，包括检测绝缘电阻（应不小于0.5MΩ）。搬动电扇时，应先切断电源开关。

（3）行灯　不允许将220V的普通电灯作为行灯使用，因为行灯电压应为36V。行灯应有绝缘手柄和金属护罩，灯泡铜头不允许外露；行灯禁用灯头开关。

2. 触电急救

（1）使触电者迅速脱离电源　当出事地附近有电源开关时，应立即断开开关，以切断电源。若开关距离太远，可用干燥的木棒、竹竿等绝缘物将电线移掉，也可用带绝缘柄的钢丝钳等切断电线。

（2）急救措施　将脱离电源的触电者迅速移至比较通风、干燥的地方，使其仰卧，将上衣与裤带放松。对有心跳而呼吸停止的触电者，应采用"口对口人工呼吸法"进行抢救；对有呼吸而心脏停止跳动的触电者，应采用"胸外心脏按压法"进行抢救。

第三节　常用起重设备及其安全操作规程

一、千斤顶

千斤顶适用于升降高度不大的重物，常用的有螺旋千斤顶、齿条千斤顶和液压千斤顶等。常用的千斤顶均为手动。使用千斤顶时应遵守下列安全操作规程：

1）千斤顶应垂直安置在重物下面；当工作地面较软时，应加垫铁，以防千斤顶陷入或倾斜。

2）使用齿条千斤顶时，止退棘爪必须紧贴棘轮。

3）使用液压千斤顶时，调节螺杆不得旋出过长，主活塞的行程不得超过极限高度标志。

4）合用几个千斤顶升降重物时，要有人统一指挥，尽量保持所有千斤顶的升降速度和高度一致，以免重物发生倾斜。

5）重物不得超过千斤顶的负载能力。

二、手动葫芦

1. 手拉葫芦

手拉葫芦是一种使用简单、携带方便的手动起重机械，一般用于室内小件的起重和装卸。使用手拉葫芦时应遵守下列安全操作规程：

1）使用前严格检查手拉葫芦的吊钩、链条，不得有裂纹；棘爪弹簧应保证制动可靠。

2）使用时，上、下吊钩一定要挂牢，起重链条一定要理顺，链环不得错扭，以免使用时卡住链条。

3）起重时，操作者应站在与起重葫芦链轮的同一平面内拉动链条，用力应均匀、缓和。拉不动时应检查原因，不得用力过猛或抖动链条。

4）起重时不得用手扶起重链条，更不能探身于重物下进行垫板及装卸作业。

2. 手扳葫芦

手扳葫芦主要用于重物的牵引，有时也可以用来起吊重物。使用手扳葫芦时应遵守下列安全操作规程：

1）经常检查手扳葫芦夹钳的磨损情况，发现磨损严重应及时更换，以免打滑造成事故。

2）应经常检查钢丝绳有无绞扣与断股等现象，如发现问题应及时更换或修复。

3）手扳葫芦的松卸手柄不能被障碍物阻塞。

4）不能同时扳动前进杆和反向杆。

第四节　相关工种的一般工艺知识

一、车削加工

车削加工是在车床上，利用工件的旋转运动和刀具的移动来加工工件的加工方法，主要用来加工各种回转表面，如端面、外圆、内圆、锥面、螺纹、回转成形面、回转沟槽及滚花等，如图4-4所示。

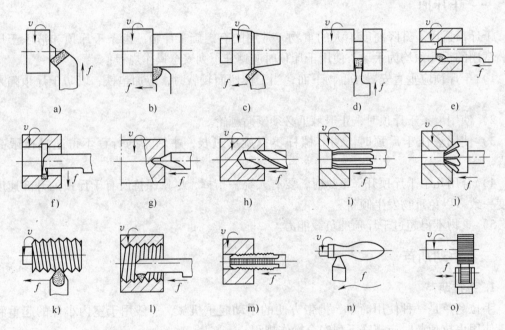

图4-4　车床的加工范围

a）车削端面　b）车削外圆　c）车削锥面　d）车槽、切断

e）镗孔　f）车削内槽　g）钻中心孔　h）钻孔　i）铰孔　j）锪孔

k）车削外螺纹　l）车削内螺纹　m）攻螺纹　n）车削成形面　o）滚花

工件在车床上的装夹方法如图4-5所示。其中，图4-5a所示为用自定心卡盘装夹工件，自定心卡盘的三个卡爪能同时移动，自行对中，适用于较短（一般$L/D<4$）的圆形、六方截面的中小型工件的装夹。图4-5b所示为用单动卡盘装夹工件，单动卡盘的四个卡爪可以独立移动，装夹工件时需要找正，夹紧力比自定心卡盘大，适用于较短（$L/D<4$）的，截面为方形、长方形、椭圆或其他不规则形状的工件，以及直径较大且较重的盘套类工件的装夹。图4-5c所示为用花盘装夹工件，适合装夹孔或外圆与定位基面垂直的工件。图4-5d所示为用花盘-弯板装夹工件，适合装夹孔或外圆与定位基面平行的工件。图4-5e所示为用双顶尖装夹，适用于较长$\left(4<\dfrac{L}{D}<20\right)$的轴类工件的装夹。如果工件特别细长$\left(\dfrac{L}{D}>20\right)$，为了

减小工件在切削力作用下产生的弯曲变形，还应增加辅助支承——中心架或跟刀架，如图4-5f、g所示。图4-5h所示为用心轴装夹工件，盘套类零件以孔为定位基准安装在心轴上，可保证外圆、端面对内孔的位置精度。

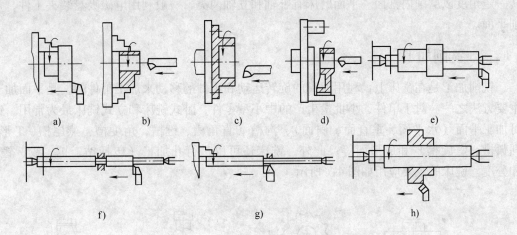

图4-5　工件在车床上的装夹方法

a）自定心卡盘装夹　b）单动卡盘装夹　c）花盘装夹　d）花盘-弯板装夹
e）双顶尖装夹　f）中心架装夹　g）跟刀架装夹　h）心轴装夹

二、磨削加工

磨削加工应用非常广泛，可以用来加工内外圆柱面、内外圆锥面、台阶端面、平面，以及螺纹、齿轮齿形、花键等，如图4-6所示。磨削加工的精度高，表面粗糙度值小，且可加工高硬度材料。

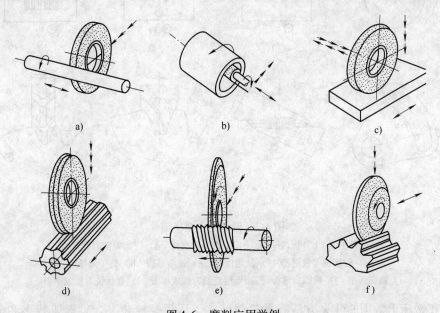

图4-6　磨削应用举例

a）磨削外圆　b）磨削内圆　c）磨削平面　d）磨削花键　e）磨削螺纹　f）磨削齿轮齿形

通用磨床有普通外圆磨床、万能外圆磨床、平面磨床和无心磨床。普通外圆磨床可用双顶尖或卡盘分别装夹轴类零件和轴销类零件，磨削外圆及外台阶端面，并可扳转上工作台磨削锥面。万能外圆磨床除具有上述功能外，还备有内圆磨头用以磨削内圆，其工件头架可扳转一定角度以磨削内锥面。平面磨床有卧轴和立轴两类，一般利用电磁吸盘装夹工件，可磨削平面。

三、铣削加工

铣削加工是在铣床上，利用刀具的旋转运动和工件的移动来加工工件的，是平面加工的主要方法之一。对于单件、小批量生产的中小型零件，卧式铣床和立式铣床最为常用。铣床可加工平面（水平面、垂直面、斜面）、沟槽（直角槽、键槽、角度槽、燕尾槽、T 形槽、圆弧槽、螺旋槽）和成形面等；此外，铣床还可以进行孔加工（包括钻、扩、铰、镗孔）和分度。铣床的主要应用如图 4-7 所示。

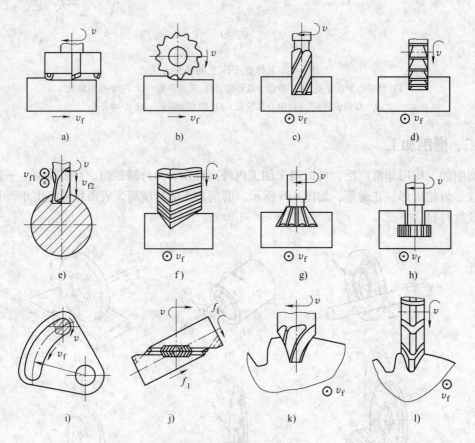

图 4-7　铣床的主要应用

a）端铣平面　b）周铣平面　c）立铣刀铣直槽　d）三面刃铣刀铣直槽

e）键槽铣刀铣键槽　f）铣角度槽　g）铣燕尾槽　h）铣 T 形槽

i）铣圆弧槽　j）铣螺旋槽　k）指形齿轮铣刀铣成形面　l）盘状铣刀铣成形面

工件在铣床上常用的装夹方法有平口钳装夹、压板螺栓装夹、V 形架装夹和分度头装夹，如图 4-8 所示。分度头用于装夹有分度要求的工件，既可以用分度头上的卡盘来装夹工件，也可用分度头上的回转顶尖与尾座上的固定顶尖一起装夹轴类工件。由于分度头主轴可以在铅垂面内扳转6°～90°，因而分度头可分别在水平、垂直和倾斜位置上装夹工件。

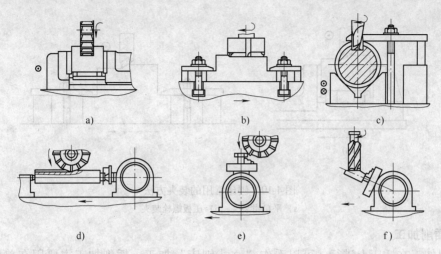

图 4-8　铣床常用的装夹方法

a）平口钳装夹　b）压板螺栓装夹　c）V形架装夹　d）、e）、f）分度头装夹

四、刨削、插削加工

1. 刨削加工

刨削加工是在刨床上利用刨刀加工工件的方法，它是加工平面的方法之一。牛头刨床适宜加工中小型工件，龙门刨床适宜加工大型工件或同时加工多个中小型工件。刨床的主要应用如图4-9所示。

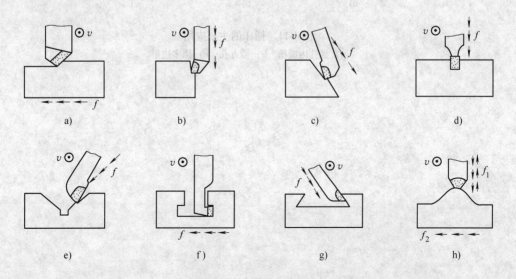

图 4-9　刨床的主要应用

a）刨平面　b）刨垂直面　c）刨斜面　d）刨直槽　e）刨 V 形槽　f）刨 T 形槽　g）刨燕尾槽　h）刨成形面

图4-9中的切削运动是按牛头刨床的加工方式标注的。在牛头刨床上，通常采用平口钳

或压板螺栓装夹工件。由于龙门刨床主要用来加工大型工件，所以一般采用压板螺栓把工件直接紧固在工作台上，如图4-10所示。

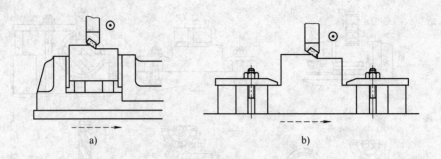

图 4-10　刨床常用的装夹方法

a）平口钳装夹　b）压板螺栓装夹

2. 插削加工

插削加工在插床上进行，可以看作"立式刨床"加工。插削加工主要用在单件小批量生产中，加工零件上的某些内表面（如孔内键槽、方孔、多边形孔和花键孔等），也可以加工某些零件上的外表面，如图4-11所示。

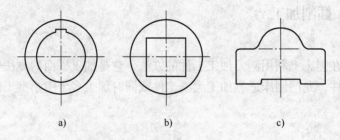

图 4-11　插床的主要应用

a）插孔内键槽　b）插方孔　c）插多边形

单元五

钳工常用量具和设备

📖 **学习目标**

1. 掌握钳工常用量具的结构、读数方法及使用注意事项。
2. 掌握钳工常用设备的结构和使用方法。

第一节　钳工常用量具

为了保证零件和产品的质量，必须用量具对其进行测量。

一、游标卡尺

1. 游标卡尺的结构

如图 5-1 所示，游标卡尺主要由尺身 1、游标 6 等组成。当游标需要移动较大的距离时，只需松开制动螺钉 4，推动游标即可。量取尺寸后，应将制动螺钉 4 紧固。游标卡尺上端的

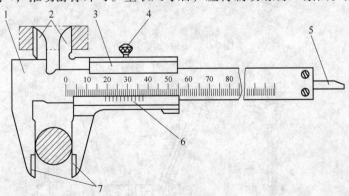

图 5-1　游标卡尺的结构

1—尺身　2—刀口内测量爪　3—尺框

4—制动螺钉　5—深度尺　6—游标　7—刀口外测量爪

刀口内测量爪 2 可以用来测量孔径、孔距及槽宽等，其测量方法如图 5-2 所示。下端刀口外测量爪 7 的内侧面用来测量外圆或厚度，外侧面（带有圆弧面）用来测量内孔或沟槽，其测量方法如图 5-3 所示。深度尺 5 可以用来测量孔的深度，其测量方法如图 5-4 所示。

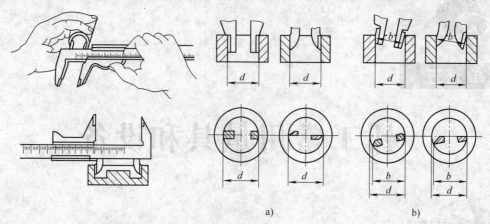

图 5-2　测量内尺寸的方法

a）正确　b）错误

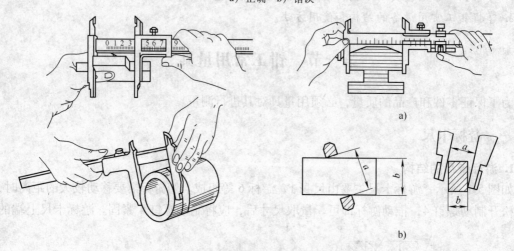

图 5-3　测量外尺寸的方法

a）正确　b）错误

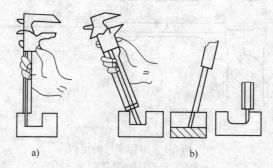

图 5-4　测量深度的方法

a）正确　b）错误

2. 游标卡尺的读数方法

游标卡尺的分度值有 0.1mm、0.05mm 和 0.02mm 三种。这三种分度值的游标卡尺的尺身刻度间隔是相同的，所不同的是游标与尺身相对应的刻线宽度不同。其中，0.02mm 分度值的读数精度最高。

使用游标卡尺测量工件时，应先弄清游标的精度和测量范围。游标卡尺上的零线是读数的基准，读数时，要同时看清尺身和游标的刻线，两者应结合起来读。

（1）读整数　在尺身上读出与游标零线前面最接近的读数，该数是被测尺寸的整数部分。

（2）读小数　在游标上找出与尺身刻线相重合的刻线，用该刻线数值乘以游标卡尺分度值所得的积，即为被测尺寸的小数部分。

（3）求和　将上述两个读数相加，即为被测尺寸值。

图 5-5 所示为分度值为 0.05mm 的游标卡尺。尺身上的每一小格为 1mm，整数是 42mm，小数是 0.45mm（0.05mm × 9）。因此，该测量数值为 42mm + 0.45mm = 42.45mm。

图 5-5　游标卡尺的读数方法

3. 使用游标卡尺时的注意事项

1）在测量前，要检查游标卡尺的测量爪和测量刃口是否平直无损，以及两测量爪贴合时有无漏光现象，并使尺身和游标的零位对齐。

2）按照零件尺寸的精度选择相应分度值的游标卡尺。

3）测量外径和宽度时，游标卡尺的测量爪应与被测表面的整个长度相接触，并使游标卡尺的测量爪平面和被测直径垂直或与被测平面平行。

4）测量内孔直径时，应使量爪的测量线通过孔心，并轻轻摆动找出最大值。

5）用带深度尺的游标卡尺测量孔深或高度时，应使深度尺的测量面紧贴孔底，而游标卡尺的端面与被测件的表面接触，且深度尺应与被测件的表面垂直，不可倾斜。

6）读数时，游标卡尺应置于水平位置，视线垂直于刻线表面，避免视线歪斜造成读数误差。

7）移动卡尺的尺框和微动装置时，既不要忘记松开制动螺钉，也不要松得过量，以免螺钉脱落丢失。

二、千分尺

千分尺是一种应用广泛的精密量具，其测量精度比游标卡尺高。

1. 千分尺的结构

千分尺的结构如图 5-6 所示，尺架 1 的左端是测砧 2，右端是带有刻度的固定套筒 5，在固定套筒的外面有带刻度的微分筒 6。转动测力装置 10 时，可使测微螺杆 3 和微分筒 6 一起转动。当测微螺杆的左端接触工件时，测力装置的内部机构打滑，并发出"咔、咔"的跳动声；当测力装置反向转动时，测微螺杆和微分筒随之转动，使测微螺杆向右移动；当测微螺杆固定不动时，可用锁紧装置 11 进行锁紧。

2. 千分尺的读数方法

千分尺的读数方法如图 5-7 所示。

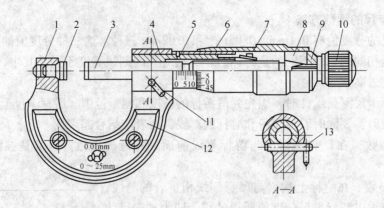

图 5-6 千分尺的结构

1—尺架 2—测砧 3—测微螺杆 4—螺纹轴套 5—固定套筒 6—微分筒 7—调节螺母
8—接头 9—垫片 10—测力装置 11—锁紧装置 12—隔热装置 13—锁紧轴

（1）读整数 在固定套筒上读出其与微分筒相邻近的刻线数值（包括整数和 0.5mm 数），该数值为所测尺寸的整数值。

（2）读小数 在微分筒上读出与固定套筒的基准线对齐的刻线数值。该数值为所测尺寸的小数值。

（3）求和 将上面两个读数值相加，就是被测尺寸的数值。

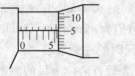

6mm+0.05mm=6.05mm

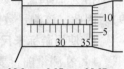

35.5mm+0.07mm=35.57mm

图 5-7 千分尺的读数方法

3. 使用千分尺时的注意事项

1）使用前，应先用清洁的纱布将千分尺擦干净，然后检查其各活动部分是否灵活可靠。在全行程内，微分筒的转动要灵活，轴杆的移动要平稳，锁紧装置的作用要可靠。同时应当进行校准，使微分筒的零线对准固定套筒的基准线。

2）测量前，必须把工件的被测量面擦干净，以免影响测量精度。

3）测量时，要使测微螺杆的轴线与工件被测尺寸的方向一致，不要倾斜。

4）测量时，先转动微分筒，当测量面将接近工件时改用测力装置，直到发出"咔、咔"声为止。

5）读数时，最好在被测件上直接读数。如果必须取下千分尺读数，则应用锁紧装置把测微螺杆锁住后，再轻轻滑出千分尺。

三、百分表

1. 百分表的读数方法

百分表是一种带指示表的精密量具，具有结构简单、使用方便、价格便宜等优点。主要用于长度的相对测量和形状、位置误差的相对测量，也可在某些机床或测量装置中用作定位和指示。

如图 5-8 所示百分表的分度值为 0.01mm。当测杆 4 移动 1mm 时，表盘 1 上的大指针 2 正好回转 1 圈。而在百分表的表盘上沿圆周刻有 100 个等分格，其刻度值为 0.01mm。测量时，当大指针转过 1 格时，表示零件的尺寸变化 0.01mm。弹簧 6 用来控制测量力。百分表按制造精度可分为 0 级和 1 级，其中 0 级的精度最高，1 级次之。

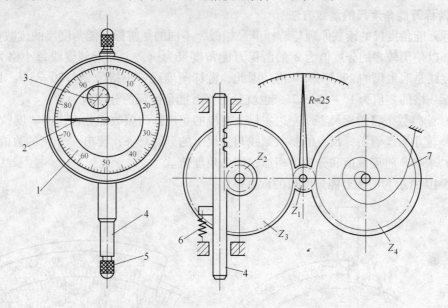

图 5-8　百分表的结构和传动原理

1—表盘　2—大指针　3—小指针（转数指针）　4—测杆　5—测头　6—弹簧　7—游丝

2. 使用百分表时的注意事项

1）按照被测工件的尺寸和精度要求选用合适的百分表；根据工件的形状、表面粗糙度和材质，选用适当的测头。

2）测量时，应把百分表装夹在专用的表架上。测头与被测面接触时，应施加一定的预压力以保持示值的稳定性；同时，要把指针调整到表盘的零位。

3）用百分表测量平面时，测杆要与被测平面垂直；测量圆柱形工件时，测杆轴线要垂直地通过被测工件的中心线。

4）使用百分表时要轻拿轻放，按压测杆的次数不宜过多；测量时，测杆行程不能超出其测量范围。

5）不要使百分表受到剧烈振动，不要敲打百分表的任何部位，不要让测头突然撞落到被测件上。

6）严防水、油、灰尘等污物进入表内。

7）百分表用完后应擦干净放回盒内，让测杆处于自由状态，这样可避免弹簧失效，以保持其测量精度。

四、游标万能角度尺

游标万能角度尺是用于直接测量角度的一种量具，有Ⅰ型和Ⅱ型两种，Ⅰ型的测量范围是 0°～320°，Ⅱ型的测量范围是 0°～360°。

1. 游标万能角度尺的结构

如图 5-9 所示，游标万能角度尺由扇形板 5、直角尺 6、游标尺 1、基尺 3、主尺 2 和直尺 7 等组成，基尺固定在扇形板上，游标尺可与主尺作相对运动。在主尺上用尺架固定着直角尺，直角尺上固定着直尺。

2. 游标万能角度尺的读数方法

游标万能角度尺的读数原理与游标卡尺相似，不同的是游标万能角度尺的读数值是角度单位值。以使用较多的分度值为 2′ 的游标万能角度尺为例，主尺上刻度线每小格为 1°，游标的刻度线是取主尺的 29° 等分 30 格。因此，游标刻度线一小格为 29°/30 = 58′，即主尺一格与游标一格的差值为 1° − 58′ = 2′，也就是游标万能角度尺的分度值为 2′。

（1）读整数　将游标尺零线左边主尺上对应的角度作为整数部分，读出"度"的数值。

（2）读小数　看游标尺上的哪条刻线与主尺上的刻线对齐，读出"分"的数值。

（3）求和　将度数值和分数值相加，即为角度值。

图 5-10 所示为游标万能角度尺的读数举例。

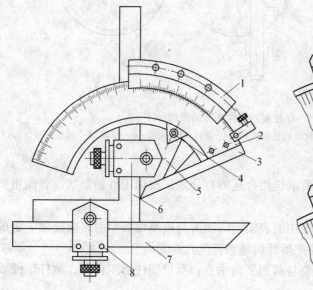

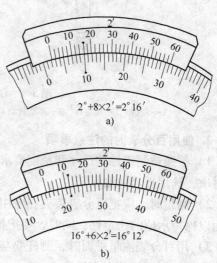

$2° + 8 × 2′ = 2°16′$

a)

$16° + 6 × 2′ = 16°12′$

b)

图 5-9　I 型游标万能角度尺　　　　　图 5-10　游标万能角度尺的读数举例

1—游标尺　2—主尺　3—基尺　4—锁紧装置
5—扇形板　6—直角尺　7—直尺　8—夹紧块

3. 游标万能角度尺的使用方法

I 型游标万能角度尺可以测量 0° ~ 320° 范围内的任意角度。

（1）测量 0° ~ 50° 的角度　将被测件置于基尺和直尺的测量面之间，如图 5-11a 所示。

（2）测量 50° ~ 140° 的角度　取下直尺和尺架，将直角尺下移，把被测件置于基尺和直角尺之间，如图 5-11b 所示。

（3）测量 140° ~ 230° 的角度　取下直尺和尺架，将直角尺上移，直到直角尺的短边和长边的交界点与基尺的尖端对齐为止，然后把直角尺和基尺的测量面靠在被测件的表面上进行测量，如图 5-11c 所示。

（4）测量 230° ~ 320° 的角度　取下直角尺和尺架后，直接用基尺和主尺的测量面进行测量，如图 5-11d 所示。

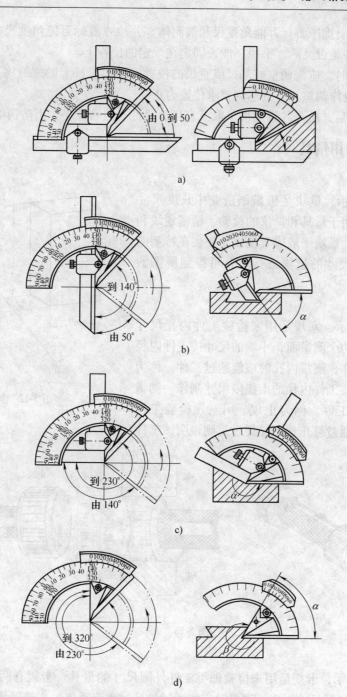

图 5-11　游标万能角度尺的使用方法

a）测量 0°～50°　b）测量 50°～140°

c）测量 140°～230°　d）测量 230°～320°

4. 游标万能角度尺使用注意事项

1）调整零位，将游标尺的零线对准主尺的零线，游标尺的尾线对准主尺的相应刻线，然后拧紧固定螺钉。

2）使用前，要擦净游标万能角度尺和被测体，并检查游标万能角度尺的测量面是否生锈或碰伤，活动件是否灵活、平稳，能否固定在规定的位置上。

3）测量工件时，应先调整好基尺或直尺的位置，并用连杆上的螺钉将其紧固后，再松动螺母，移动尺身作调整，直到达到要求位置为止。

4）测量完毕后，松开各紧固件，取下直尺等元件，然后擦净，上防锈油，装入盒内。

五、其他常用量具

1. 量块

如图 5-12 所示，量块是机械制造业中长度尺寸的基准，它可以用于量具和量仪的检验、精密划线和精密机床的调整。量块一般成套使用，并装在特制的木盒中，把不同尺寸的量块进行组合可得到所需的尺寸。

2. 塞规

如图 5-13 所示，塞规是用来检验工件内径尺寸的量具。塞规有两个测量面，小端的尺寸按工件内径的下极限尺寸制作，测量内孔时应能通过工件，称为通规；大端尺寸按工件内径的上极限尺寸制作，测量内孔时不能通过工件，称为止规。用塞规检验工件时，如果通规能通过且止规不能通过，则说明该工件合格。

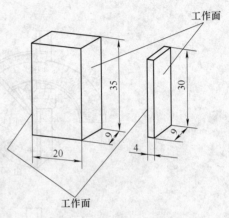

图 5-12　量块

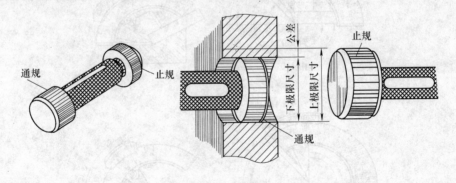

图 5-13　塞规

3. 卡规

如图 5-14 所示，卡规是用来检验轴类工件外圆尺寸的量具。卡规有两个测量面，大端的尺寸按轴的上极限尺寸制作，测量时应能通过轴颈，称为通规；小端尺寸按轴的下极限尺寸制作，测量时不能通过轴颈，称为止规。用卡规检验轴类工件时，如果通规能通过且止规不能通过，则说明该工件合格。

4. 塞尺

如图 5-15 所示，塞尺是用来检验两个贴合面之间间隙大小的片状定值量具。每套塞尺由若干片组成。测量时，将塞尺直接塞入间隙，当一片或数片能塞入两贴合面之间时，则这一片或数片的厚度即为两贴合面的间隙值。

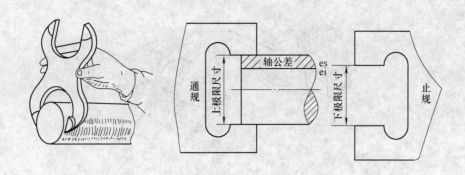

图 5-14　卡规

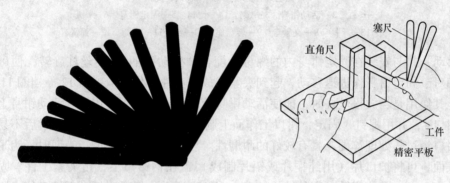

图 5-15　塞尺

第二节　钳工工作场地及设备

一、钳工工作台

钳工工作台用来安装台虎钳，放置工具和工件等，如图 5-16 所示。钳工工作台通常用木料或钢材制成，其高度为 800 ~ 900mm，装上台虎钳后，钳口高度应恰好与操作者的肘部平齐，这样才能让操作者在工作时感觉比较合适。钳工工作台的长度和宽度可随工作需要而定。

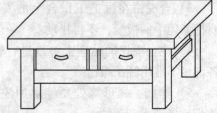

二、台虎钳

1. 台虎钳的种类

台虎钳是用来夹持工件的通用夹具，如图 5-17 所示，有固定式和回转式两种类型。台虎钳的规格以钳口的宽度来表示，有 100mm、125mm、150mm 等。由于回转式台虎钳使用较方便，故应用广泛。

图 5-16　钳工工作台

2. 台虎钳的结构和工作原理

台虎钳的主体部分用铸铁制造，由固定钳身 5 和活动钳身 2 组成。活动钳身通过方形导轨与固定钳身的方形导轨配合，可作前后滑动。丝杠 1 装在活动钳身上，可以旋转，但不能

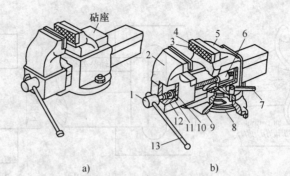

图 5-17 台虎钳

a) 固定式台虎钳 b) 回转式台虎钳

1—丝杠 2—活动钳身 3—螺钉 4—钳口 5—固定钳身 6—螺母

7、13—手柄 8—夹紧盘 9—转盘座 10—销 11—挡圈 12—弹簧

作轴向移动，并与安装在固定钳身内的螺母 6 配合。摇动手柄 13 使丝杠旋转，便可带动活动钳身相对于固定钳身作进退移动，起到夹紧或放松工件的作用。弹簧 12 靠挡圈 11 固定在丝杠上，其作用是当放松丝杠时，能使活动钳身及时退出。在固定钳身和活动钳身上，各装有钢质钳口 4，并用螺钉 3 固定，钳口工作面上制有交叉的网纹，使工件夹紧后不易发生滑动，且钳口经过热处理淬硬，具有较好的耐磨性。当夹持工件的精加工表面时，为了避免夹伤工件表面，可将护口片（用纯铜片或铝片制成）盖在钢钳口上，再夹紧工件。固定钳身装在转盘座 9 上，并能绕转盘座的轴线转动，当转到所需位置时，扳动手柄 7 使夹紧螺钉旋紧，便可在夹紧盘 8 的作用下将固定钳身紧固。转盘座上有三个螺栓，用以通过螺栓与钳台固定。

3. 使用台虎钳时的注意事项

1）台虎钳安装在钳工工作台上时，必须使固定钳身的钳口工作面处于钳工工作台边缘之外，以保证夹持长条形工件时，工件的下端不受钳工工作台边缘的阻碍。

2）用台虎钳夹持工件时，只能依靠手的力量扳动手柄进行紧固，不可套上管子来扳紧手柄或用锤子敲击手柄进行紧固。否则易造成螺母、螺杆甚至钳身的损坏。

3）台虎钳在钳工工作台上的安装必须牢固。使用时，要把紧固手柄扳紧，不得松动。

4）在台虎钳的砧座上可以进行轻微的锤击工作，其他各部位不准用锤子敲击。

5）丝杠、螺母等处要经常加注润滑油，并保持清洁，防止铁屑进入和锈蚀。

6）钳口夹持工件不宜过长。当超长时应另用支架来支持，否则容易损坏钳身。

7）强力作业时，应尽量使力朝向固定钳身；保持划线平板的整洁，对暂时不使用的平板应涂油加盖防护。

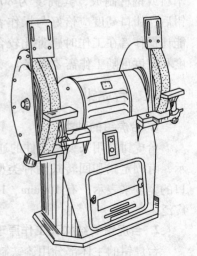

图 5-18 砂轮机

三、砂轮机

砂轮机如图 5-18 所示，主要用于刃磨刀具，也可用来

磨削工件或毛坯件上的飞边、毛刺等。它由砂轮、机体、电动机、托架和防护罩等部分组成。砂轮的转速高、材质较脆，使用时应严格遵守安全操作规程，以防砂轮碎裂和发生人身事故。

使用砂轮机时的注意事项如下：

1）砂轮的旋转方向要正确，只能使磨屑向下飞离砂轮。

2）砂轮机起动后，待砂轮达到正常运转速度后，才可进行磨削操作。如发现砂轮跳动严重，应及时停机进行修整。

3）磨削时，操作者不得站在砂轮的对面，而应站在砂轮的侧面或斜侧位置。

4）磨削时，防止刀具和工件对砂轮发生剧烈的撞击或过大的压力，以防砂轮碎裂。

5）砂轮机的搁架与砂轮间的距离一般应保持在3mm以内，否则易使磨削件扎入而造成严重的事故。

四、台式钻床

钻床是一种常用的孔加工机床。在钻床上可装夹钻头、扩孔钻、锪孔钻、铰刀、镗刀、丝锥等刀具，用来进行钻孔、扩孔、锪孔、铰孔、镗孔及攻螺纹等工作。钻床一般用于加工直径不大、精度要求较低的孔。钳工常用的钻床根据其结构和适用范围，可分为台式钻床（简称台钻），立式钻床（简称立钻）和摇臂钻床三种。

台式钻床是一种可放在钳工工作台上使用的小型钻床，其占用场地少，使用方便。主轴孔内安装钻夹头和钻头，用来钻孔，最大钻孔直径有6mm和12mm等几种。台式钻床主轴的进给只有手动进给，而且一般都具有表示或控制钻孔深度的装置，如刻度盘、刻度尺、定程装置等。钻孔后，主轴能在弹簧的作用下自动上升复位。图5-19所示为钳工常用的一种台式钻床。电动机1通过五级V带轮可使主轴变换几种不同的转速。本体11套在立柱5上作上下移动，并可绕立柱中心转到任意位置，调整到适当位置后可用手柄2锁紧。可

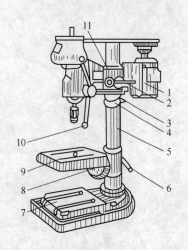

图5-19　台式钻床
1—电动机　2—手柄　3—螺钉
4—保险环　5—立柱　6—锁紧手柄
7—底座　8—锁紧螺钉　9—工作台
10—进给手柄　11—本体

选择适当高度的木块等支承物体预先支承于主轴下，并扳动进给手柄10使主轴顶紧支承物，然后松开手柄6，继续按进给方向扳动进给手柄，主轴便在支承物的反作用力下带动本体一起升高。当本体需要放低时，应先把保险环4调节到适当位置后用螺钉3锁紧，然后略放松手柄2，使本体靠自重落到保险环上，再把手柄2锁紧。同样，工作台9也可在立柱上作上下移动及绕立柱中心转动到任意位置。松开锁紧螺钉8时，工作台在垂直平面内还可以左右倾斜45°。

当工件较小时，可将其放置在工作台9上钻孔；当工件较大时，可把工作台9转开，将工件直接放在钻床底座7上钻孔。

五、立式钻床

立式钻床的钻孔直径有25mm、35mm、40mm、50mm等几种。立式钻床可以自动进给，

主轴的转速和自动进给量都有较大的变动范围，能适应各种中型件的加工工作。由于它的功率大，机构也比较完善，因此可获得较高的效率及加工精度。

图 5-20 所示为钳工常用的一种立式钻床。立柱 6 固定在底座 7 上，主轴变速箱 4 固定在立柱的顶部。进给箱 3 装在立柱导轨上，可以沿着立柱上下移动。工作台 1 装在立柱导轨的下方，也可沿着立柱导轨上下移动，以适应不同高度工件的加工。

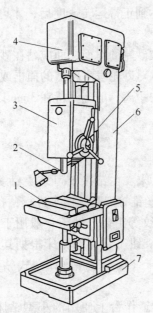

图 5-20　立式钻床

1—工作台　2—主轴　3—进给箱

4—主轴变速箱　5—进给手柄　6—立柱　7—底座

使用立式钻床时的注意事项如下：

1）使用前必须空运转试车，确认机床各部分运转正常后方可进行加工。

2）使用时，如不采用自动进给，必须脱开自动进给手柄。

3）变换主轴转速或自动进给时，必须在停车后进行调整。

4）经常检查润滑系统的供油情况。

5）使用完毕后必须清扫整洁，上油并切断电源。

下篇 实践篇

划 线

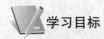

1. 熟练掌握划线工具的使用方法、平面划线方法及确定划线基准的方法。

2. 熟练掌握平面划线和立体划线的方法，以巩固和提高以前所学的工艺知识和操作技能，并将其综合贯通起来。

第一节　划线基础知识

一、划线概述

划线是钳工的一项基本操作，是指按照图样或实物的尺寸，在毛坯或工件上用划线工具划出加工部位的轮廓线，或者划出作为基准的点、线的操作，如图 6-1 所示。工件的加工都是从划线开始的，所以划线是工件加工的第一步。

图 6-1　划线

1. 划线的作用

1）确定工件加工面的位置和加工余量，使机械加工时有明确的尺寸界线。

2）检查毛坯的质量。对于尺寸和形状误差较小的毛坯，可以采取补救的方法，提高毛坯的合格率；对于误差过大而无法补救的毛坯，可及时报废。

3）便于复杂工件在机床上的装夹，装夹时可按划线找正定位。

2. 划线的种类

划线可分为平面划线和立体划线。

（1）平面划线 在毛坯或已加工工件的一个表面及几个平行的表面上划线，即可以明确表示出加工界线的划线操作称为平面划线。平面划线是划线的基本方法，也是立体划线的基础，如图6-2所示。

（2）立体划线 需要在毛坯或已加工工件上的几个相互垂直或互成角度的平面上进行划线，才能明确表示出加工界线的划线操作称为立体划线。立体划线如图6-3所示。

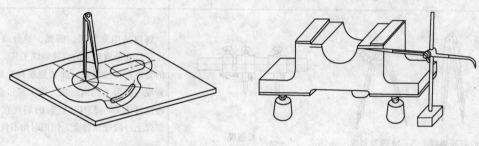

图6-2 平面划线   图6-3 立体划线

二、划线的工具

在划线工作中，为了保证尺寸的准确性和达到较高的工作效率，必须熟悉各种划线工具及其应用。应根据工件的形状、大小及划线部位来选择合适的划线工具和支承工具。常用划线工具和支承工具及其应用见表6-1。

表6-1 常用划线工具和支承工具及其应用

工具名称	应用
划线平板 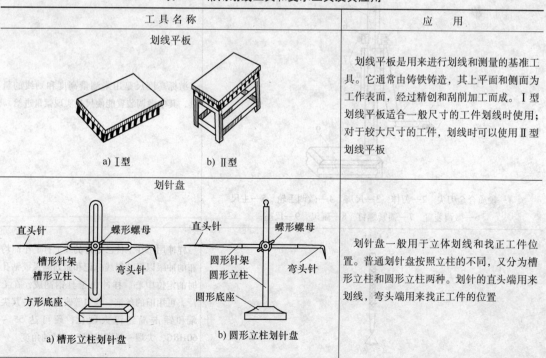 a) I型 b) II型	划线平板是用来进行划线和测量的基准工具。它通常由铸铁铸造，其上平面和侧面为工作表面，经过精创和刮削加工而成。I型划线平板适合一般尺寸的工件划线时使用；对于较大尺寸的工件，划线时可以使用II型划线平板
划针盘 直头针 蝶形螺母 槽形针架 弯头针 槽形立柱 方形底座 a) 槽形立柱划针盘 直头针 蝶形螺母 圆形针架 弯头针 圆形立柱 圆形底座 b) 圆形立柱划针盘	划针盘一般用于立体划线和找正工件位置。普通划针盘按照立柱的不同，又分为槽形立柱和圆形立柱两种。划针的直头端用来划线，弯头端用来找正工件的位置

（续）

工 具 名 称	应 用
金属直尺 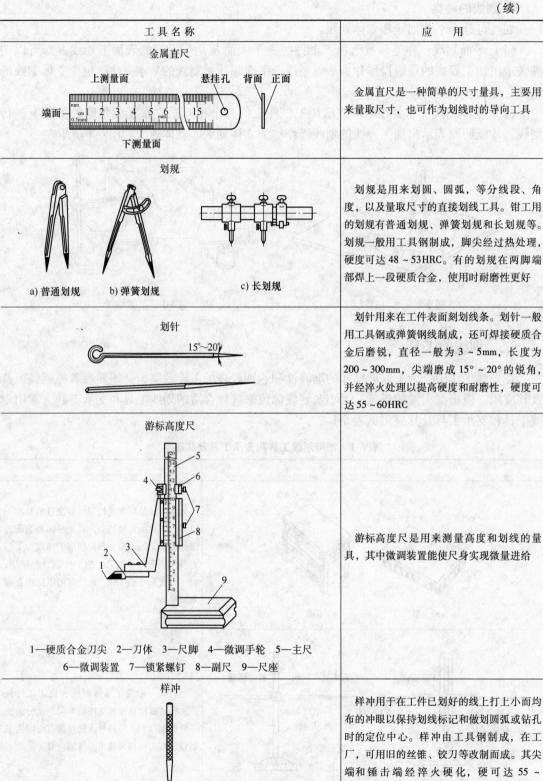	金属直尺是一种简单的尺寸量具，主要用来量取尺寸，也可作为划线时的导向工具
划规 a) 普通划规　　b) 弹簧划规　　c) 长划规	划规是用来划圆、圆弧，等分线段、角度，以及量取尺寸的直接划线工具。钳工用的划规有普通划规、弹簧划规和长划规等。划规一般用工具钢制成，脚尖经过热处理，硬度可达 48～53HRC。有的划规在两脚端部焊上一段硬质合金，使用时耐磨性更好
划针 15°～20°	划针用来在工件表面刻划线条。划针一般用工具钢或弹簧钢线制成，还可焊接硬质合金后磨锐，直径一般为 3～5mm，长度为 200～300mm，尖端磨成 15°～20° 的锐角，并经淬火处理以提高硬度和耐磨性，硬度可达 55～60HRC
游标高度尺 1—硬质合金刀尖　2—刀体　3—尺脚　4—微调手轮　5—主尺 6—微调装置　7—锁紧螺钉　8—副尺　9—尺座	游标高度尺是用来测量高度和划线的量具，其中微调装置能使尺身实现微量进给
样冲 45°～60°	样冲用于在工件已划好的线上打上小而均布的冲眼以保持划线标记和做划圆弧或钻孔时的定位中心。样冲由工具钢制成，在工厂，可用旧的丝锥、铰刀等改制而成。其尖端和锤击端经淬火硬化，硬可达 55～60HRC，尖端一般磨成 45°～60° 的角度

（续）

工　具　名　称	应　用
直角尺 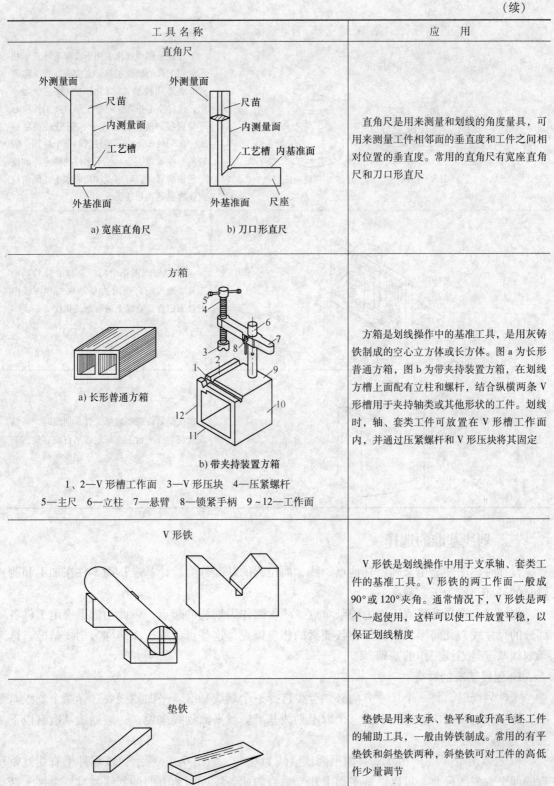 a) 宽座直角尺　　　b) 刀口形直尺	直角尺是用来测量和划线的角度量具，可用来测量工件相邻面的垂直度和工件之间相对位置的垂直度。常用的直角尺有宽座直角尺和刀口形直尺
方箱 a) 长形普通方箱 b) 带夹持装置方箱 1、2—V形槽工作面　3—V形压块　4—压紧螺杆 5—主尺　6—立柱　7—悬臂　8—锁紧手柄　9～12—工作面	方箱是划线操作中的基准工具，是用灰铸铁制成的空心立方体或长方体。图a为长形普通方箱，图b为带夹持装置方箱，在划线方槽上面配有立柱和螺杆，结合纵横两条V形槽用于夹持轴类或其他形状的工件。划线时，轴、套类工件可放置在V形槽工作面内，并通过压紧螺杆和V形压块将其固定
V形铁	V形铁是划线操作中用于支承轴、套类工件的基准工具。V形铁的两工作面一般成90°或120°夹角。通常情况下，V形铁是两个一起使用，这样可以使工件放置平稳，以保证划线精度
垫铁	垫铁是用来支承、垫平和或升高毛坯工件的辅助工具，一般由铸铁制成。常用的有平垫铁和斜垫铁两种，斜垫铁可对工件的高低作少量调节

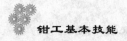

（续）

工 具 名 称	应　用
千斤顶  a) 尖头千斤顶　　b) 带 V 形槽千斤顶	千斤顶是划线操作中用于支承毛坯及形状不规则工件的辅助工具，有尖头、平头和带 V 形槽等几种形式。划线时一般三个为一组，成品字形排列，三个支承点离工件重心尽量远些，使它们组成的三角形面积尽量大，在工件较重的一端放置两个千斤顶，较轻的一端放置一个，便于工件的稳定。调整千斤顶的高低，可将工件调成水平或倾斜位置，直至达到划线要求
角铁 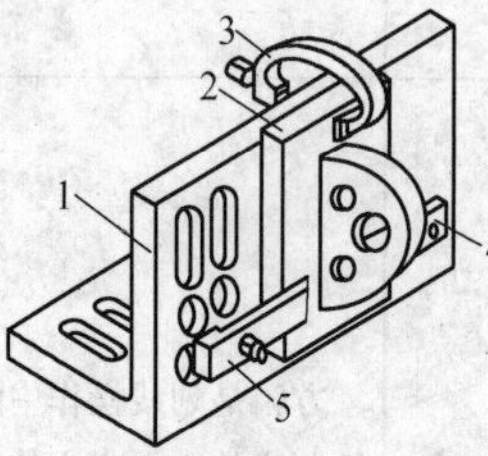 1—角铁　2—工件　3—G 形夹头　4、5—压板	角铁是划线操作中用于夹持工件的基准工具。通过配套使用的 G 形夹头和压板将工件固定在垂直面上进行划线操作
靠铁 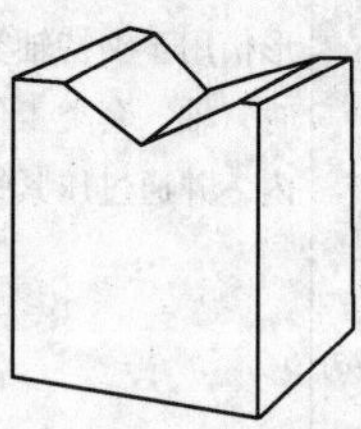	靠铁是划线时的辅助工具。划线时，将靠铁放在划线平台上，与划线平台成直角，工件靠着靠铁，使工件垂直于划线平台

三、划线基准的选择

设计时，图样上用来确定其他点、线、面位置的基准称为设计基准；而零件在加工和测量时的基准，称为工艺基准。

划线时，选择毛坯或工件上的某个点、线、面作为划线的起点，以此为依据确定工件各部分的尺寸线、几何形状及工件上各要素的相对位置，这些点、线、面即称为划线基准。选择划线基准是划线工作的基础。

1. 划线基准的种类

工件划线时，每一个尺寸方向必须至少选择一个划线基准。平面划线要选择两个划线基准，而立体划线则应选择三个或三个以上划线基准。就平面划线来说，一般划线基准有以下三种类型。

（1）以两个（条）相互垂直的平面或直线为基准　如图 6-4a 所示，该零件上有相互垂直的两个方向的尺寸。可以以外平面上相互垂直的两条线为两个方向的划线基准，零件上两个方向的尺寸都可以分别以这两条线为起始线划出。

（2）以两条相互垂直的中心线为基准　如图 6-4b 所示的零件具有一定的对称性，零件上两个方向的尺寸可以以两条中心线为划线基准划出。

（3）以一个平面和一条中心线为基准　如图 6-4c 所示，该零件高度方向的尺寸是以其底边为基准划出的，所以底边是高度方向的划线基准。宽度方向的尺寸对称于对称中心线，所以对称中心线是宽度方向的划线基准。

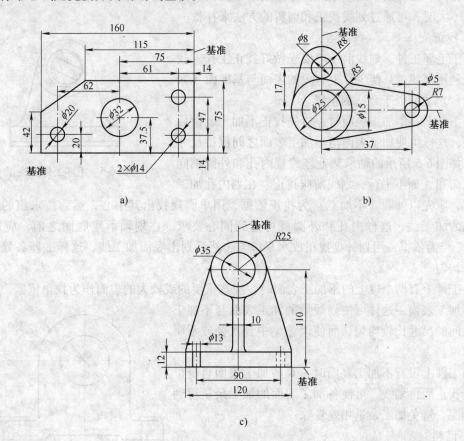

图 6-4　划线基准的类型

a）以两个（条）相互垂直的平面或直线为基准　b）以两条相互垂直的中心线为基准

c）以一个平面和一条中心线为基准

2. 选择划线基准的原则

划线基准选择得正确与否，直接影响着工件的加工精度和毛坯的合格率。因此，划线前必须认真分析图样，观察毛坯件的形状和尺寸，确定出正确的划线基准。划线基准的选择一般应遵循以下原则：

1）应尽量使划线基准与设计基准、工艺基准重合，这样可以简化换算过程，直接量取划线尺寸，提高划线精度和效率。

2）对称形状的零件应以对称中心线为划线基准。

3）若毛坯上有加工过的表面，则应以加工过的较大表面为划线基准；若毛坯上没有加工过的表面，则应选毛坯上面积大而平整的表面、精度较高的表面或加工余量较小的表面作为划线基准，以利于主要加工面的顺利加工和兼顾其他表面的加工位置。

4）当毛坯件出现缺陷或尺寸误差较大时，确定划线基准时应考虑借料补救，将选定的划线基准作适当的调整、移动，使各加工面都分配到适当的加工余量。

四、划线时的找正和借料

各种铸、锻件由于某些原因，会形成形状歪斜、偏心、各部分壁厚不均匀等缺陷。当几何误差不大时，可通过划线找正和借料的方法来补救。

1. 找正

对于毛坯工件，划线前一般要先做好找正工作。找正就是利用划线工具使工件上有关的表面与基准面（如划线平台）之间处于合适的位置。

当工件上有不加工表面时，应先找正不加工表面后再划线，这样可使加工表面与不加工表面之间保持尺寸均匀。如图 6-5 所示的轴承架毛坯，其内孔和外圆不同心，底面和 A 面不平行，划线前应找正。在划内孔加工

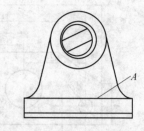

图 6-5　毛坯工件的找正

线之前，应先以外圆（不加工）为找正依据，用单脚规找出其中心，然后按求出的中心划出内孔的加工线，这样内孔和外圆就可达到同心要求。在划轴承座底面之前，应以 A 面（不加工）为依据，用划针盘找正成水平位置，然后划出底面加工线，这样底座各处的厚度就比较均匀。

当工件上有两个以上的不加工表面时，应选重要的或较大的表面作为找正依据，并兼顾其他不加工表面，这样可使划线后的加工表面与不加工表面之间的尺寸比较均匀，而使误差集中到次要或不明显的部位。

当工件上没有不加工表面时，对各加工表面自身位置进行找正后再划线，可使各加工表面的加工余量得到合理分配，避免加工余量相差悬殊。

2. 借料

当工件上的误差或缺陷用找正后的划线方法不能补救时，可采用借料的方法来解决。借料就是通过试划和调整，将各加工表面的加工余量进行合理分配，互相借用，从而保证各加工表面都有足够的加工余量，而误差或缺陷可在加工后排除。借料的一般步骤如下：

1）测量工件的误差情况，找出偏移部位和测出偏移量。

2）确定借料方向和大小，合理分配各部位的加工余量，划出基准线。

3）以基准线为依据，按图样要求依次划出其余各线。

某轴承架的尺寸要求如图 6-6a 所示。铸造后的毛坯，其内孔出现偏心。如图 6-6b 所示，该铸件毛坯上

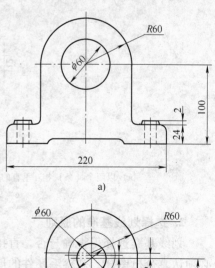

a)

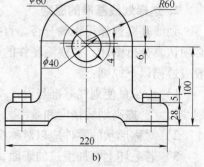

b)

图 6-6　轴承架划线

$\phi 40mm$ 孔的中心向下偏移了 6mm。

如按一般方法划线，因孔的偏移量较大，轴承架底面已没有加工余量，所以须进行借料。可以把 $\phi 40mm$ 孔的中心线向上移动（即借用）4mm。这样，$\phi 60mm$ 孔的最小加工余量为 $\dfrac{60mm - 40mm}{2} - 4mm = 6mm$，底面的加工余量为 4mm，加工余量借用合理且余量充足，从而使该铸件得到了补救。

五、安全生产

1）保持划线平板的整洁，对暂时不使用的平板应涂油、加盖防护。

2）划针不用时，应套上塑料套，以防伤人。

3）工具要合理放置，左手用的工具放在作业的左边，右手用的工具放在作业的右边。

4）对于较大工件的立体划线，安放工件位置时应在工件下垫以垫木，以免发生事故。

5）划线完毕后应收好工具，清理工作场地。

第二节　典型案例——平面划线和立体划线

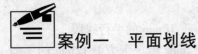

案例一　平面划线

平面划线零件如图 6-7 所示。其毛坯为一块 115mm × 110mm 的钢板，平面已粗磨，划线后要求尺寸公差达到 0.4mm。

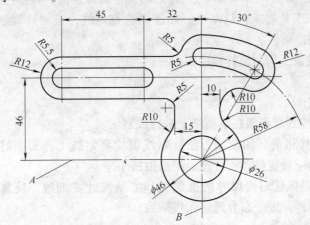

图 6-7　平面划线零件

一、案例分析

（1）划线工具和量具的准备　金属直尺、划针和划线平板、划规、样冲和锤子、游标万能角度尺游标高度尺、方箱、直角尺等。

（2）原料的准备　去除要进行平面划线的板料上的毛刺和锈斑，并涂蓝油。应将铸件毛坯上的残留型砂清除，去掉毛刺，整平冒口，并在铸件表面涂白灰水。

（3）图样的准备 读懂图样，详细了解零件上需要划线的部位和有关加工工艺，明确零件及划线有关部位的作用和要求。

二、操作步骤

1）确定划线基准为孔 φ26mm 的中心线。在板料上合适的位置处划出两条相互垂直的中心线作为圆周 φ26mm 的圆心位置。

2）以水平中心线 A 为基准，用游标高度尺划出高度尺寸为 46mm 的水平定位线。

3）以 φ26mm 孔的圆心和垂直中心线 B 为基准，用游标万能角度尺或划规划出角度为 30° 的角度定位线和 R58mm 圆弧的中心定位线。

4）以垂直中心线 B 为基准划出尺寸为 32mm、45mm 的垂直中心定位线。

5）以十字基准线交点为圆心划出 φ26mm 和 φ46mm 圆周的轮廓线。

6）以十字基准线交点为圆心划出 R53mm（58mm − 5mm）、R63mm（58mm + 5mm）、R70mm（58mm + 12mm）圆弧的轮廓线。

7）以垂直中心线 B 和 30° 角度定位线与 R58mm 圆弧的中心定位线的交点为基准划出 R5mm、R12mm 圆弧的轮廓线。

8）以 32mm、45mm 的垂直中心定位线和 46mm 的水平中心定位线的交点为基准划出 R5.5mm、R12mm 圆弧的轮廓线。

9）以垂直中心线 B 为基准划出（左侧）15mm 和（右侧）10mm 的平行线段。

10）以 46mm 的水平中心定位线为基准划出（上方）12mm 和（下方）12mm 的平行线段。

11）划出 R5mm（2 处）、R10mm（3 处）圆弧与圆弧连接、圆弧与直线连接的轮廓线。

12）对照图样和工艺要求，从基准开始逐项检查划线，错划或漏划的线应及时改正或补充，以保证划线的准确性。

13）在各轮廓线条上均匀地打样冲眼。

三、注意事项

1）识读图样，按划线步骤在草稿纸上进行试划。

2）熟知划线工具和量具的使用方法。划线前应将划线工具刃磨好，使其符合使用要求。划线工具和量具应放置整齐、合理，用后擦拭干净。

3）实训的重点是保证划线尺寸的准确性。测量尺寸要细致，反复核对清楚，然后划线。做到线条清晰，样冲眼分布合理、深浅一致。

四、评分标准（表6-2）

表6-2 平面划线评分标准

序号	评 分 项 目	配分	评 分 标 准	交检记录	得分
1	涂色薄而均匀	4	不合要求酌情扣分		
2	图形分布合理	9	不合要求酌情扣分		
3	线条清晰	12	不合要求酌情扣分		
4	无重线	12	不合要求酌情扣分		

（续）

序号	评分项目	配分	评分标准	交检记录	得分
5	尺寸公差 ±0.4mm	30	超差全扣		
6	样冲眼分布合理、准确	18	不合要求酌情扣分		
7	工具使用及操作姿势正确	15	总体评定		
8	安全文明生产	扣分	违反规定者每次扣2分，严重者扣5~10分		
姓名		班级		总分	

案例二 立体划线

立体划线零件如图6-8a所示。其毛坯为一铸件，尺寸不作规定。

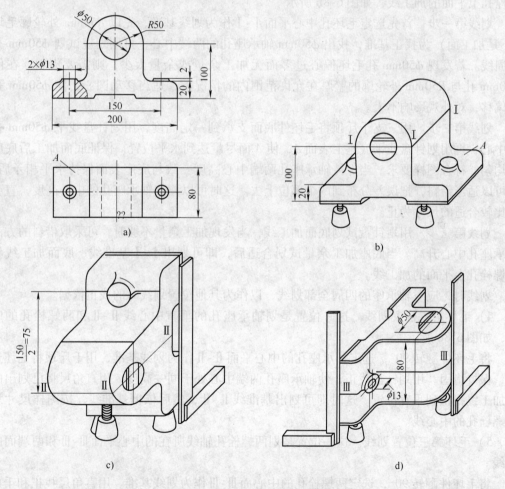

图6-8 立体划线零件及划线步骤

一、案例分析

（1）划线工具和量具的准备 划线平板、划针盘、划针、样冲、直角尺、高度尺、金属直尺、划规、直角尺、游标卡尺、锤子和方箱等。

（2）原料的准备　清理毛坯，除去毛坯铸件上的浇冒口、表面粘砂等。

（3）辅助工具及材料的准备　铅条、千斤顶（三支一组）、石灰水等。

（4）图样的准备　读懂图样，详细了解零件上需要划线的部位和有关加工工艺，明确零件及划线有关部位的作用和要求。

二、操作步骤

1）仔细阅读图样，确定划线部位和三次划线的基准。检查毛坯件有无缺陷和较大的尺寸误差，是否要进行借料补救。

2）在毛坯孔中装上中心塞块，在毛坯件划线部位上均匀涂色。

3）毛坯第一位置划线。这一位置是划轴承座孔的水平中心线Ⅰ-Ⅰ、底面加工线和两个螺栓孔上平面的加工线，如图 6-8b 所示

划线第一步。首先选定毛坯孔中心平面Ⅰ-Ⅰ作为划线基准，先以 $R50\text{mm}$ 外轮廓毛坯面（不是加工面）为找正基准，找出 $\phi50\text{mm}$ 轴承座孔的两端中心，再用划规试划 $\phi50\text{mm}$ 孔的圆周线。若发现 $\phi50\text{mm}$ 孔毛坯偏心过多而无加工余量或余量太少，则需要借料。在保证 $\phi50\text{mm}$ 孔与 $R50\text{mm}$ 外轮廓的壁厚在允许范围内的情况下，适当移动圆心，使 $\phi50\text{mm}$ 孔略有偏移，对外观影响不大。

划线第二步。用三支千斤顶将毛坯件底面支承到一定高度，用划针盘找平 $\phi50\text{mm}$ 孔两端中心，再用划针盘找平底座上表面 A，使 A 面尽量达到水平位置，保证底面加工后底座厚度均匀，符合图样要求。当保持轴承座孔两端中心高度一致与底座表面保持水平相矛盾时，也可以适当借料，把误差分布到两个部位上去。这时可以调整轴承座孔的中心高度，直至达到比较合适的尺寸为止。

划线第三步。用划针盘试划底面加工线，当发现加工余量不够时，可采取借料的方法将轴承座孔中心升高。当底座加工余量试划合适后，即可划出Ⅰ-Ⅰ基准线、底面加工线和两个螺栓孔上平面的加工线。

划线时，应对轴承座的四周全部划线，以作为其他位置划线时的找正依据。

4）毛坯第二位置划线。这一位置是划轴承座孔的垂直中心线Ⅱ-Ⅱ和两螺栓孔的中心线，如图 6-8c 所示。

将毛坯件翻转 90°，选定轴承座孔的中心平面Ⅱ-Ⅱ作为划线基准，用千斤顶将毛坯支承起，保持稳固。用划针盘找正，使轴承座孔两端中心处于同一高度，用直角尺将已划出的底面加工线找正到垂直位置。这时即可划出基准线Ⅱ-Ⅱ，然后依据基准线，按图样尺寸划出两螺栓孔的中心线。

5）毛坯第三位置划线。这一位置是划两螺栓孔轴线所在的中心平面Ⅲ-Ⅲ和两端面的加工线。

将毛坯件翻转 90°，选定两螺栓孔的中心面Ⅲ-Ⅲ作为划线基准。用直角尺找正和千斤顶调整，使底面加工线和Ⅱ-Ⅱ基准线处于垂直位置，即可进行第三位置划线。先试划两端面的加工线，如果发现两端面的加工余量偏差过大或一面的加工余量过小，可以进行借料。通过调整螺栓孔中心的位置，使两端面的加工余量基本满足要求，然后划出Ⅲ-Ⅲ基准线，接着依据基准线和图样尺寸要求划出两端面的加工线。

6）用划规划出轴承座 $\phi50mm$ 孔和两螺栓孔的圆周尺寸线。

7）依据图样详细检查所划线条是否有错误和遗漏后，即可在所划线条上打样冲眼，完成轴承座毛坯的划线。

三、注意事项

1）仔细阅读图样，找出全部所需划线的部位。轴承座需要划线处有底面、轴承座孔、两个端面、两个螺栓孔及其上平面。

2）依据轴承座的形状和划线部位，选择划线基准。轴承座需划线的部位共有长、宽、高三个方向，毛坯需要分三次安放才能划完全部线条，因此在三个位置上，都要确定划线基准。经分析，选轴承座孔过中心的水平面和垂直面，以及两个螺栓孔的中心平面分别为三次划线的划线基准。

3）依据毛坯的形状、结构特点及技术要求，确定第一、第二和第三划线位置。第一划线位置的划线工作将影响轴承座其余部位的划线质量及尺寸误差的借料。

4）正确确定轴承座各次划线的放置基准和找正基准。

5）做好安全防护工作。用千斤顶支承工件一定要稳固可靠，以防倾倒；调整千斤顶高低时，不可用手直接调节，以防工件掉下将手砸伤；较大工件应加辅助支承。

四、评分标准（表6-3）

表6-3 立体划线评分标准

序号	评分项目	配分	评分标准	交检记录	得分
1	涂色薄而均匀	4	不合要求酌情扣分		
2	图形分布合理	9	不合要求酌情扣分		
3	线条清晰	12	不合要求酌情扣分		
4	无重线	12	不合要求酌情扣分		
5	尺寸公差符合要求	30	超差全扣		
6	样冲眼分布合理、准确	18	不合要求酌情扣分		
7	工具使用及操作姿势正确	15	总体评定		
8	安全文明生产	扣分	违反规定者每次扣2分，严重者扣5～10分		
姓名		班级		总分	

单元七

錾　削

学习目标

1. 掌握錾削工具的使用方法及常用錾削方法。
2. 能根据加工材料，正确刃磨錾子。
3. 掌握平面的錾削方法，并能保证一定的加工精度。
4. 了解錾削的安全知识和文明生产要求。

第一节　錾削基础知识

錾削是钳工工作中较为重要的基本操作之一，它是利用锤子敲击錾子对金属工件进行切削加工的方法，如图7-1所示。錾削工作虽然工作效率低，劳动强度大，但使用的工具简单，在许多不便于进行机械加工的场合（如去除毛坯上的多余金属、分割材料、錾削平面及沟槽等）仍起着重要的作用。

一、錾削工具

錾削使用的工具是錾子和锤子。

图 7-1　錾削

1. 錾子

（1）錾子的结构　錾子一般是用碳素工具钢锻打成形后，再进行刃磨和热处理。錾子由錾头、錾身及切削部分组成，如图7-2所示。錾头有一定的锥度，顶端略呈球形，以便锤击力通过錾子中心；錾身制成六边形，以便防止转动并能有效控制方向；切削部分刃磨成楔形，由前刀面、后刀面和切削刃组成，如图7-3所示。

1）前刀面。錾子工作时与切屑接触的表面。

2）后刀面。錾子工作时与切削平面相对的表面。

3）切削刃。前刀面与后刀面的交线。

· 90 ·

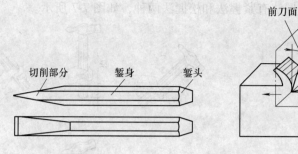

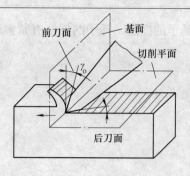

图 7-2　錾子的结构　　　　　　图 7-3　錾削角度

4）楔角 β_0。錾子前刀面与后刀面之间的夹角。通常楔角越小，錾削越省力，但楔角过小，会造成刃口薄弱，容易崩损；而楔角过大，錾削费力，錾切表面不易平整。一般根据工件材料的硬度选取不同的楔角。例如，錾削硬材料（高碳钢或铸铁）时，楔角取 60°~70°；錾削中等硬度的材料（中碳钢）时，楔角取 50°~60°；錾削软材料（铜和铝等）时，楔角取 30°~50°。

（2）錾子的种类　常用的錾子有扁錾、尖錾和油槽錾，如图 7-4 所示。

1）扁錾。切削部分扁平，刃口较宽且略带弧形。主要用来錾削平面、去毛刺和分割板料。

2）尖錾。切削刃较短，刃口两侧面从切削刃起向柄部逐渐变窄，这样在开槽时不易被卡住，主要用于錾窄槽及分割曲线形板料。

3）油槽錾。切削刃很短，并呈圆弧形。切削部分做成弯曲形状，便于在内曲面及对开轴瓦上开油槽。主要用于錾削平面、曲面上的油槽。

（3）錾子的握法

1）正握法。腕部伸直，用左手中指、无名指握住錾子柄部，小拇指自然合拢，食指和大拇指自然伸直松靠，錾头伸出 20mm 左右，如图 7-5a 所示。錾子不能握得太紧，否则錾削时手掌所承受的振动大，一旦砸偏容易伤手。正握法是錾削中主要的握錾方法。

2）反握法。手心向上，手指自然捏住錾子，手掌悬空，如图 7-5b 所示。

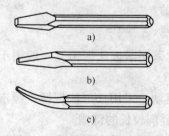

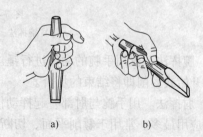

图 7-4　錾子的种类　　　　　　图 7-5　錾子的握法
a）扁錾　b）尖錾　c）油槽錾　　　a）正握法　b）反握法

2. 锤子

锤子是钳工常用的敲击工具，由锤头、柄部和斜楔铁组成，如图 7-6 所示。锤子的规格用其质量来表示，有 0.25kg、0.5kg、1kg 等几种。柄部多用坚硬而不脆的木材制成，如胡桃木、水曲柳等，长度约为 350mm。柄部敲紧在锤头孔中后，端部再打入带倒刺的斜楔铁，以保证锤头不会松动。

（1）锤子的握法　锤子的握法有紧握法和松握法两种，如图7-7所示。

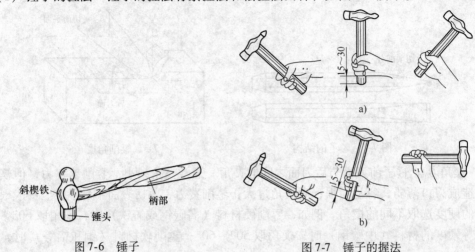

图7-6　锤子

图7-7　锤子的握法
a）紧握法　b）松握法

1）紧握法。右手五指紧握锤柄，大拇指合在食指上，虎口对准锤头方向，柄部尾端露出15～30mm。在挥锤和锤击的整个过程中，右手五指始终紧握锤柄。

2）松握法。握锤方法同紧握法一样，当锤子抬起时，小拇指、无名指和中指依次放松，只保持大拇指和食指握持不动。锤击时，中指、无名指和小拇指再依次握紧锤柄。这种握法锤击有力，挥锤时手不易疲劳。

（2）挥锤的方法　錾削时的挥锤方法有腕挥法、肘挥法和臂挥法，如图7-8所示。

图7-8　挥锤的方法
a）腕挥法　b）肘挥法　c）臂挥法

1）腕挥法。仅用手腕的动作进行锤击运动，采用紧握法握锤，一般用于錾削余量较少及錾削开始或錾削即将结束的场合。

2）肘挥法。用手腕与肘部一起挥动作锤击运动，采用松握法握锤，锤击力较大，效率较高，应用最多。常用于錾削平面、切断材料或錾削较长的键槽。

3）臂挥法。手腕、肘和全臂一起挥动，动作协调，锤击力最大。一般用于大切削量的錾削。

二、錾削方法

1. 錾削站立姿势

操作时的站立姿势如图7-9所示。身体与台虎钳中心线大致成45°角，并略向前倾，左脚向前跨半步，膝处稍有弯曲，要保持自然，右脚要站稳伸直，但不要过于用力。

2. 起錾方法

錾削时的起錾方法有斜角起錾和正面起錾两种，如图7-10所示。

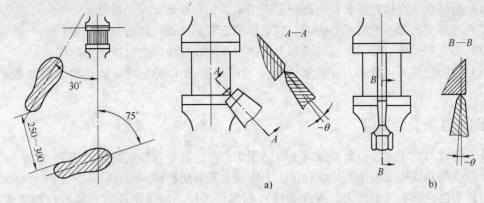

图7-9 錾削站立姿势

图7-10 起錾方法

a）斜角起錾 b）正面起錾

（1）斜角起錾 錾削平面时，应采用斜角起錾。即从工件的尖角边缘处着手，将錾头向下倾斜约45°，錾出一个斜面，如图7-10a所示，然后按正常的錾削角度逐步向中间錾削。这样可较好地控制加工余量，也不致产生打滑和弹跳现象。

（2）正面起錾 錾削沟槽时，必须采用正面起錾。即起錾时全部刃口贴住工件錾削部位的端面，也使錾头向下錾出一个斜面，然后按正常角度錾削，如图7-10b所示。錾削大平面时，常采用尖錾在工件上间隔开槽的方法，如图7-11所示，再用扁錾切削剩余部分，这样錾削效率高且省力。

3. 正常錾削

起錾后，即按正常的方法进行錾削，錾削时后角可控制在5°~8°之间。后角过小，錾子易从切削部位滑出；后角过大，錾子易向工件深处扎入。

在錾削过程中，一般每锤击两三次，可将錾子退回一些，作一次短暂停留；然后将刃口顶在錾削处继续錾削，其目的是随时观察錾削平面的平整情况，又能使手臂肌肉有节奏地得到放松。

4. 终錾方法

当錾削到距尽头1~10mm时，必须掉头錾去余下部分，尤其对于脆性材料更应如此。否则，尽头就会崩裂，如图7-12所示。

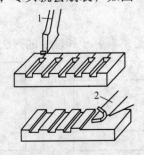

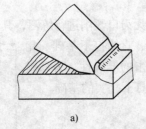

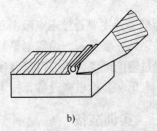

图7-11 錾削大平面

1—尖錾 2—扁錾

图7-12 终錾方法

a）错误 b）正确

三、錾削注意事项

1）錾削前，应检查锤头和柄部间是否松动，如有松动，应先修复。

2）当錾子头部有毛刺或卷边时，应立即停止錾削，以免碎屑弹出伤人。

3）必须把锤子、錾子头部和柄部上的油污擦净，以免锤击时锤子滑落伤人。

4）为防止切屑飞溅伤人，錾削的地点周围最好装上安全网。操作时，最好戴上防护眼镜。

四、錾削安全知识

1）经常对錾子进行刃磨，保持正确的楔角，防止錾子在錾削时滑出伤手。

2）为防止铁屑飞出伤人，应在钳工工作台上安装防护网。

3）为防止锤头飞出伤人，应经常检查柄部是否松动，以便及时对其进行调整或更换，另外，操作者不准戴手套。

4）应及时磨掉錾子在使用中头部产生的飞刺，否则錾飞后易造成事故。

5）錾削时不准对着人操作。

第二节　典型案例——錾削练习

用弯头进行锤击练习，并用无刃口錾子进行錾削练习，如图7-13所示。

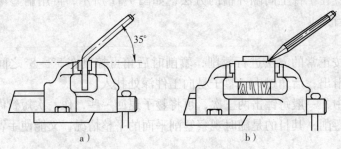

图7-13　錾削练习

a）用弯头进行锤击练习　b）用无刃口錾子进行錾削练习

一、案例分析

錾削姿势主要通过定点敲击和无刃口錾削进行练习，其目的是掌握錾子和锤子的握法、挥锤方法、站立姿势等，为錾削平面、直槽打下基础。此外，通过錾削训练，还可以提高锤击的准确性，为掌握矫正、弯形和装拆机械设备等技术打下扎实的基础。

二、实训准备

（1）工具　锤子、Q235钢锻造的錾子、T7A（或T8A）锻造的无刃口錾子。

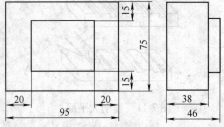

图7-14　备料图

（2）备料 HT150 灰铸铁坯件，如图7-14所示。

三、操作步骤

1）将錾子夹紧在台虎钳中作锤击练习。首先左手不握錾子作挥锤练习，然后握錾子作挥锤练习。要求采用松握法挥锤，达到站立位置和挥锤姿势、动作基本正确，以及有较高锤击命中率的要求。

2）将长方铁毛坯夹紧在台虎钳中，下面垫好木垫，用无刃口錾子对着凸肩部分进行模拟錾削的姿势训练。要求用松握法挥锤，达到站立位置、握錾方法和挥锤姿势动作正确规范，锤击力量逐步加强。

3）当姿势动作和锤击的力量能适应实际的錾削练习时，可进一步用已刃磨的錾子把长方铁凸台錾平。

四、注意事项

1）要正确使用台虎钳，工件要夹紧在钳口中央，伸出高度以高出钳口 10～15mm 为宜。

2）要自然地将錾子握正、握稳，使倾斜角保持在 35°左右，视线要对着工件的切削部位。挥锤要稳健有力，控制好手的运动轨迹，锤子的落点才能准确。

3）左手握錾子时，前臂要平行于钳口，肘部不要下垂或抬高。

4）及时纠正错误的姿势，避免形成习惯。

五、评分标准（表7-1）

表7-1 錾削练习评分标准

序号	评分项目	配分	评分标准	交检记录	得分
1	工件夹持位置正确	6	不符合要求酌情扣分		
2	握錾方法正确、自然	10	总体评定		
3	站立位置和姿势正确、自然	16	不符合要求酌情扣分		
4	錾削角度控制稳定	10	不符合要求酌情扣分		
5	錾削时视线方向正确	6	不符合要求酌情扣分		
6	握锤方法正确，自然	10	总体评定		
7	挥锤动作正确，锤击有力	16	不符合要求酌情扣分		
8	锤击落点正确，命中率高	14	不符合要求酌情扣分		
9	工、量具摆放整齐，位置正确	12	不符合要求酌情扣分		
10	安全文明生产	扣分	违反规定者每次扣2分，严重者扣5～10分		
11	考核时间 6h	扣分	每超1h扣5分		
姓名		班级		总分	

单元八

锯 削

学习目标

1. 熟练掌握锯削的基本理论知识。
2. 能根据不同材料正确选用锯条，并能正确装夹。
3. 能对各种型材进行正确的锯削，操作姿势正确，并能达到一定的锯削精度。
4. 做到安全和文明操作。

第一节　锯削基础知识

锯削也是钳工工作中的一项基本操作，如图 8-1 所示，主要用于锯断各种原材料或半成品，锯掉工件上的多余部分或在工件上开槽等。

一、锯削工具

手锯是锯削的主要工具，它由锯弓和锯条两部分组成。

1. 锯弓

锯弓的作用是安装和张紧锯条。根据其构造的不同，锯弓分为固定式和可调式两种，如图 8-2 所示。固定式锯弓只能安装一种长度规格的锯条；可调式锯弓的安装距离可以调节，因此可安装几种长度规格的锯条。

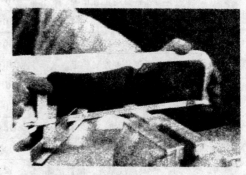

图 8-1　锯削

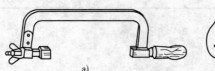
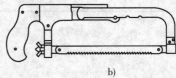

a)　　　　　　　　　　　b)

图 8-2　锯弓
a) 固定式　b) 可调式

2. 锯条

锯条是手锯的切削部分，一般用低碳钢冷轧渗碳而成，并经热处理淬硬。

（1）锯齿的切削角度　锯条单面有无数个锯齿，相当于一排形状相同的錾子，每个齿都起切削作用，工作效率较高。锯齿的切削角度为：前角 $\gamma = 0°$，后角 $\alpha = 40°$，楔角 $\beta = 50°$，如图8-3所示。

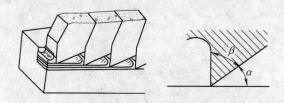

图8-3　锯齿的切削角度

（2）锯条的规格　锯条的规格是以两端安装孔的中心距来表示的，有200mm、250mm、300mm等。钳工常用的为300mm的锯条。

（3）锯齿的粗细　锯齿的粗细以锯条每25mm长度内的锯齿数来表示，齿数越多，表示锯齿越细。锯齿的粗细应根据材料的硬度和厚度来选择，见表8-1。

表8-1　锯齿的粗细及应用

类　别	每25mm长度内的齿数	应　用
粗	14～18	锯削软钢、黄铜、铝、铸铁、纯铜、人造胶质材料
中	22～24	锯削中等硬度钢、厚壁钢管、铜管
细	32	薄片金属、薄壁管子
细变中	32～20	一般工厂中用，易于起锯

（4）锯路　制造锯条时，锯齿按一定的规律左右错开，排成一定的形状，称为锯路。锯路有交叉形和波浪形等形式，如图8-4所示。锯路的作用是使工件上的锯缝宽度大于锯条背部的厚度，从而减少了锯削过程中的摩擦、"夹锯"和锯条折断现象，延长了锯条的使用寿命。

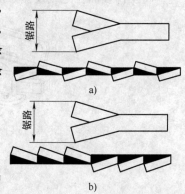

图8-4　锯路
a) 交叉形　b) 波浪形

二、锯削操作方法

1. 工件的夹持

工件一般夹持在台虎钳的左边，以便于操作；工件伸出钳口的长度不应过长（应使锯缝距钳口侧面20mm左右），以防止锯削时工件产生振动。锯缝线应与钳口侧面保持平行（使锯缝线与铅垂线方向一致），这样便于控制锯缝不偏离划线线条。夹持要牢靠，同时要避免将工件夹变形和夹坏已加工表面。

2. 锯条的安装

安装锯条时，必须注意安装方向，因为手锯在向前推进时才能起到切削作用，所以应使齿尖的方向朝前，如图8-5所示。调节翼形螺母装紧锯条，松紧程度要适当，一般根据大拇指和食指的扭力进行判断，应有结实感而又不致过硬。

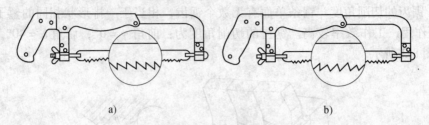

图8-5　锯条的安装

a）正确　b）错误

3. 握锯方法

握锯时用右手握稳锯柄，左手轻扶在锯弓前端。锯削时，推力和压力由右手控制，左手配合右手扶正锯弓，压力不要过大，如图8-6所示。手锯推出时为切削行程，应施加压力；回程时不切削，不施加压力，并应将锯弓稍微抬起，以减少锯齿的磨损。

图8-6　握锯方法

4. 起锯方法

起锯方法有远起锯和近起锯两种，如图8-7所示。

起锯时，用左手的拇指挡住锯条，起导向作用，右手将工件稍锯出一条槽，起锯角约为15°，行程要短，起锯时的导向力要小，速度要慢。当起锯锯到槽深达2～3mm时，锯条已不会滑出槽外，左手大拇指即可离开锯条，进行正常锯削。起锯对锯削质量有直接影响，如果起锯不正确，会造成锯削位置不正确、锯缝歪斜、缝口太宽等缺陷，甚至会使锯条跳出锯缝，将工件表面拉毛或使锯条崩齿。为避免锯条卡住或崩裂，一般应尽量采用远起锯。

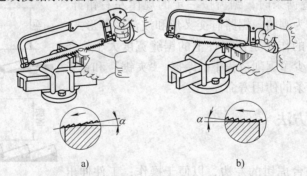

图8-7　起锯方法

a）远起锯　b）近起锯

5. 锯削姿势

锯削时的站立姿势与錾削相似。锯弓向前推进时，身体稍向前倾，与竖直方向约成10°角（图8-8a）；随着行程的加大，身体逐渐向前倾（图8-8b）；当行程达2/3时，身体倾斜约18°（图8-8c）；锯削最后1/3行程时，用手腕推进锯弓，身体反向退回到15°角位置（图8-8d）。回程时，左手扶持锯弓不加力，锯弓稍提起一些，身体退回原位。

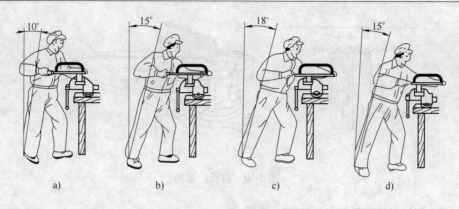

图 8-8　锯削姿势

三、各种型材的锯削方法

1. 棒料的锯削

如果棒料锯削后的断面要求平整，应从起锯开始连续锯到结束；如果锯削后的断面精度要求不高，则可转动棒料，分几个方向进行锯削，这样会因每次锯削面变小而容易锯入，使锯削比较省力，从而可提高工作效率。

2. 管子的锯削

锯削管子不可在一个方向连续锯削到结束，否则锯齿会被管壁钩住而导致崩裂。应该先只锯削到管子内壁，锯穿为止，然后把管子向推锯的方向转过一定角度，锯条仍按原来的锯缝继续锯到管子内壁。这样不断改变方向，直到锯断为止，如图 8-9 所示。对于薄壁管子或外圆经过精加工的管子，须将其夹在两块有 V 形槽的木衬垫之间，以免将管子夹扁或损坏管子表面。

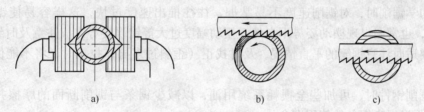

图 8-9　管子的锯削
a）管子的夹持　b）转位锯削　c）错误方法

3. 薄板的锯削

锯削薄板时，应尽量从宽的面上锯下去，使锯齿不易被钩住。当只能从窄面上锯下去时，极易产生弹动，影响锯削质量。此时，可用两块木板夹持薄板，连木板一起锯下，既可避免锯齿被钩住，也增强了板料的刚度，锯削时不会产生弹动，如图 8-10a 所示。也可将薄板夹在台虎钳上，用手锯作横向斜推锯，使手锯与薄板接触的齿数增加，以避免锯齿崩裂。锯削时，应使锯条紧靠钳口，便可锯成与钳口平行的直锯缝，如图 8-10b 所示。

4. 深缝的锯削

当工件锯缝的深度超过锯弓的高度时属于深缝，如图 8-11a 所示。此时，应将锯条转过90°重新安装，使锯弓转到工件的侧面，如图 8-11b 所示；也可将锯齿向内转过 180°安装，

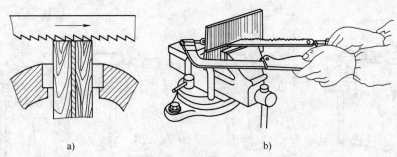

a)　　　　　　　　　　　　b)

图 8-10　薄板的锯削

使锯齿在锯弓内进行锯削，如图 8-11c 所示。

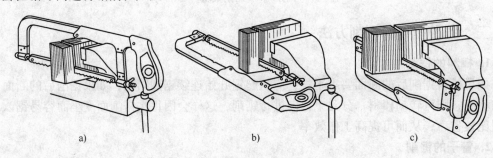

a)　　　　　　　　　　b)　　　　　　　　　　c)

图 8-11　深缝的锯削

四、锯削注意事项

1）锯削练习时，必须注意工件及锯条的安装是否正确，并应注意起锯方法和起锯角度的正确性，以免一开始锯削就造成废品和锯条损坏。

2）初学锯削时，对锯削速度不易掌握，往往推出速度过快，这样容易使锯条很快磨钝。同时，也常会出现摆动姿势不自然，摆动幅度过大等错误姿势，应注意及时纠正。

3）要适时注意锯缝的平直情况，及时找正（歪斜过多再作找正时，将不能保证锯削的质量）。

4）锯削钢件时，可加些全损耗系统用油，以减少锯条与锯削断面的摩擦并能冷却锯条，从而可以提高锯条的使用寿命。

5）锯削完毕，应将锯弓上的张紧螺母适当放松，但不要拆下锯条，以防止锯弓上的零件丢失，并应将其妥善放好。

五、安全生产

1）锯条应装得松紧适当，锯削时不可突然用力过猛，以防锯条折断后崩出伤人。

2）工件将要锯断时，应减小压力，避免因工件突然断开，手仍用力向前冲而造成事故。应用左手扶持工件的断开部分，减慢锯削速度逐渐锯断，避免工件掉下砸伤脚。

第二节　典型案例——锯削棒料

锯削棒料实训图如图 8-12 所示。

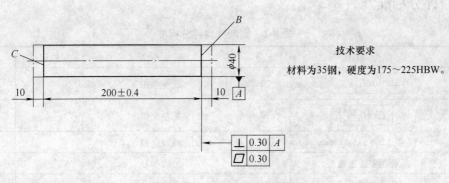

技术要求

材料为35钢，硬度为175～225HBW。

图 8-12 锯削棒料实训图

一、案例分析

锯削是钳工基本操作之一，通过锯削棒料练习，掌握手锯的握法、锯削站立姿势和动作要领，并能根据不同的材料正确选用锯条；了解锯条折断、锯缝歪斜的原因，遵守安全文明操作要求，为各种材料的正确锯削打好基础。

二、实训准备

（1）工具和量具准备　手锯、锯条若干支、金属直尺、游标卡尺、游标万能角度尺、划线工具、塞尺等。

（2）备料　35 钢棒料，尺寸为 $\phi40\text{mm} \times 220\text{mm}$。

三、操作步骤

1）检查图样，在毛坯上划线。

2）将工件夹持稳固。

3）按划线进行锯削。

4）锯削 B 面，保证该面的垂直度和平面度达到图样要求。

5）锯削 C 面，保证两平面之间的尺寸满足要求。

6）锯削完成后，去除毛刺，检查尺寸和加工质量，达到规定要求。

四、注意事项

1）检查锯条装夹的松紧适度，以有结实感而不过硬为宜。

2）锯削时施加的双手压力应合适，不要因突然加大压力被工件棱边钩住锯齿而使锯条崩裂，回程时不应施加压力。工件将要锯断时，应用左手扶持住工件。

3）锯削速度以 20～40 次/min 为宜。

4）注意起锯方法。

5）锯削面不允许修锉。

6）工件不应伸出钳口过长，锯缝应尽量靠近钳口。

7）工件应与钳口平行，以免锯缝歪斜。

五、评分标准（表8-2）

表 8-2 锯削棒料评分标准

序号	评 分 项 目	配分	评 分 标 准	交检记录	得分
1	⊥ | 0.30 | A	20	超差全扣		
2	▱ | 0.30	20	超差全扣		
3	尺寸（200±0.4）mm	30	超差全扣		
4	锯削姿势正确	30	酌情扣分		
5	安全文明生产	扣分	酌情扣分		
6	考核时间 6h	扣分	每超 1h 扣 5 分		
姓名		班级		总分	

单元九

锉　　削

学习目标

1. 掌握各种锉削工具的使用方法及常用锉削方法。
2. 掌握正确的锉削姿势和动作。
3. 掌握平面锉削的要领，能够达到一定的锉削精度。
4. 掌握游标卡尺的使用方法。
5. 了解锉刀的保养方法和锉削时的安全知识。

第一节　锉削基础知识

锉削是钳工必须掌握的一项基本操作方法，是用锉刀对工件表面进行切削加工，如图 9-1 所示。

锉削可以加工零件的内外表面、内外曲面、内孔、沟槽及各种形状复杂的表面。此外，还可以在设备装配、维修时对零件进行修整。即使在现代工业化的生产条件下，一些不便于机械加工的场合仍需要采用锉削加工来完成。

一、锉削工具

锉刀是锉削加工的工具，一般用碳素工具钢 T12 或 T13 经热处理淬硬制成，其切削部分的硬度可达 62 ~ 72HRC。

图 9-1　锉削

1. 锉刀的结构

锉刀由锉身和锉柄两部分组成，如图 9-2 所示。

锉刀面上有无数个锉齿，根据锉齿的排列方式，锉刀分为单齿纹和双齿纹两种，如图 9-3 所示。

单齿纹是指锉刀上只有一个方向的齿纹，如图 9-3a 所示。单齿纹锉刀的全齿纹参加锉削，需要较大的切削力；其齿距较大，有足够的容屑空间，不会被切屑塞住，适合锉削铝、铜等软金属材料。

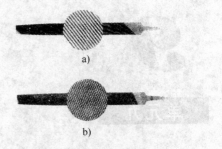

a)

b)

图 9-3　锉齿的齿纹

a）单齿纹　b）双齿纹

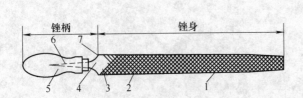

图 9-2　锉刀的结构

1—锉刀面　2—锉刀边　3—底齿纹

4—锉刀尾　5—木柄　6—锉舌　7—面齿纹

双齿纹是指锉刀上有两个方向排列的齿纹，如图 9-3b 所示，先制成的一排较浅的齿纹称底齿纹（又称辅锉纹），后制成的一排较深的齿纹称面齿纹（又称主锉纹）。齿纹与锉刀中心线的夹角称为齿角，面齿角为 65°，底齿角为 45°，如图 9-4 所示。双齿纹锉刀锉削时切屑易碎，锉削省力，且锉齿强度高，适合锉削硬材料。

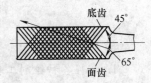

图 9-4　双齿纹的排列

2. 锉刀的种类、断面形状及用途

锉刀的种类很多，按其用途不同可分为钳工锉、异形锉和整形锉三种，见表 9-1。

表 9-1　锉刀的种类、断面形状及用途

名　称	锉刀的种类和断面形状	用　途
钳工锉	扁锉　　方锉 半圆锉　圆锉　三角锉(等腰三角形)	加工金属零件的各种表面，加工范围广
异形锉		主要用于锉削工件上的特殊表面（模具修理使用较多）

（续）

名　称	锉刀的种类和断面形状	用　途
整形锉		主要用于机械、模具、电气和仪表等零件的整形加工。通常一套分 5 把、6 把、9 把或 12 把等几种

3. 锉刀的规格

锉刀的规格分为尺寸规格和锉齿的粗细规格

（1）锉刀的尺寸规格　圆锉刀用直径表示，方锉刀用边长表示，其他锉刀用锉身长度来表示。钳工常用的锉刀，其锉身长度有 100mm、125mm、150mm、200mm、250mm、300mm、350mm、400mm 等多种。

（2）锉齿的粗细规格　以锉刀每 10mm 轴向长度内的主锉纹条数来表示。有五种锉纹号，分别为 1~5 号，号越小，锉齿越粗，见表9-2。

表9-2　锉齿的粗细规格

规格/mm	主锉纹条数（10mm 内）				
	锉纹号				
	1	2	3	4	5
100	14	20	28	40	56
125	12	18	25	36	50
150	11	16	22	32	45
200	10	14	20	28	40
250	9	12	18	25	36
300	8	11	16	22	32
350	7	10	14	20	—
400	6	9	12	—	—
450	5.5	8	11	—	—

4. 锉刀的选择

由表9-1 中可知，各种锉刀都有一定的适用范围，如果选择不当，则不能充分发挥其效能，甚至会过早地使锉刀丧失切削能力。因此，锉削之前必须正确地选择锉刀，其选择原则如下。

（1）锉齿粗细的选择　锉齿的粗细应根据工件的材料、加工余量的大小、加工精度和表面粗糙度要求等进行选择。一般粗齿锉刀用于加工余量大、公差等级低或表面粗糙度值较大的工件；细齿锉刀用于加工余量小、公差等级高或表面粗糙度值较小的工件，锉齿粗细规格的选用可参考表9-3。

表9-3 锉齿粗细规格的选用

锉齿粗细	适用场合		
	锉削余量/mm	尺寸精度/mm	表面粗糙度 Ra/μm
1号（粗齿锉刀）	0.5 ~ 1	0.2 ~ 0.5	25 ~ 100
2号（中齿锉刀）	0.2 ~ 0.5	0.05 ~ 0.2	6.3 ~ 25
3号（细齿锉刀）	0.1 ~ 0.3	0.02 ~ 0.05	3.2 ~ 12.5
4号（双细齿锉刀）	0.1 ~ 0.2	0.01 ~ 0.02	1.6 ~ 6.3
5号（油光锉）	0.1 以下	0.01	0.8 ~ 1.6

（2）锉刀断面形状的选择　锉刀的断面形状应根据工件加工表面的形状进行选择，如图9-5所示。

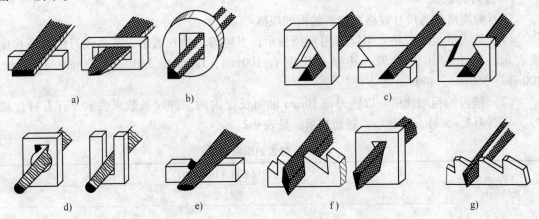

图9-5　加工不同形状工件表面时使用的锉刀

a）平锉　b）方锉　c）三角锉　d）圆锉　e）半圆锉　f）菱形锉　g）刀口锉

（3）锉刀长度的选择　锉刀的长度应根据工件加工面和加工余量的大小进行选择。对于加工面尺寸较大和加工余量较大的工件，应选择较长的锉刀；对于加工面尺寸较小和加工余量较小的工件，应选择较短的锉刀。

5. 锉刀的保养

1）锉刀放置时应避免与其他金属硬物相碰，也不能把锉刀重叠堆放，以免锉纹损伤。

2）不能用锉刀锉削毛坯的硬皮或氧化皮及淬硬的工件表面，应先用砂轮磨去或用旧锉刀锉去，然后进行正常锉削加工。

3）新锉刀要先使用一面，用钝后再使用另一面，因为用过的锉刀面容易锈蚀，两面同时使用会缩短锉刀的使用寿命。另外，锉削时要充分使用锉刀的有效工作长度，避免局部磨损。

4）锉削过程中要及时清除锉纹中嵌入的切屑，以免切屑刮伤加工表面。锉刀用完后，也应及时用锉刷刷去锉齿中的残留切屑，以免锉刀生锈。

5）防止锉刀沾水、沾油，以防其锈蚀及锉削时打滑。如锉刀粘有油脂，一定要用煤油清洗干净。

6）不能把锉刀当做装拆、敲击或撬物的工具，以防止锉刀折断造成损伤。

7）使用整形锉时用力不能过猛，以免折断锉刀。

二、锉削操作

1. 锉刀的握法

锉刀的种类繁多，加工表面的形状和位置也不相同，因此，各种锉刀使用时的握法也不相同。

（1）大型锉刀的握法　如图9-6a、b、c所示，右手拇指放在锉刀柄上面，手心抵住柄端，其余四指也紧握刀柄；左手拇指根部轻压在锉刀前端，中指、无名指捏住锉刀头。右手用力推动锉刀，并控制锉削方向，左手使锉刀保持水平位置，并在回程时卸除压力或稍微抬起锉刀。

（2）中型锉刀的握法　如图9-7a所示，右手的握法与大型锉刀相同，左手只需用大拇指和食指轻轻捏住锉刀头即可。

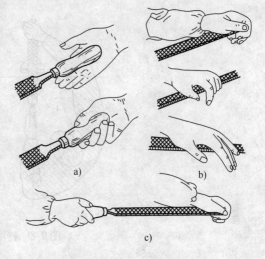

图9-6　大型锉刀的握法

（3）小型锉刀的握法　如图9-7b所示，右手的握法也和大型锉刀相似，左手四个手指压在锉刀的中部，这样可避免锉刀发生弯曲。

（4）整形锉的握法　如图9-7c所示，由于整形锉太小，因此只能用右手平握，食指压在锉刀上。

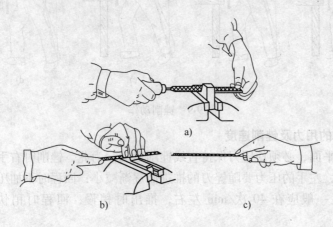

图9-7　中、小型锉刀及整形锉的握法

a）中型锉刀的握法　b）小型锉刀的握法　c）整形锉的握法

2. 锉削姿势及动作

锉削时的站立姿势如图9-8所示。两手握住锉刀放在工件上面，身体与钳口方向约成45°角，右臂弯曲，右小臂与锉刀的锉削方向成一直线；左手握住锉刀头部，左臂呈自然状态。开始锉削时，身体稍向前倾10°左右，重心落在左脚上，右腿伸直，右臂在后准备将锉刀向前推进，如图9-9a所示。当锉刀推至三分之一行程时，身体前倾15°左右，如图9-9b

所示。锉刀再推三分之一行程时，身体倾斜到 18°左右，如图 9-9c 所示。当锉刀继续推进最后三分之一行程时，身体随着反作用力退回到 15°左右，两臂则继续将锉刀向前推进到头，如图 9-9d 所示。锉削全程结束后，将锉刀稍微抬起，左腿逐渐伸直，将身体重心后移，并顺势将锉刀退回初始位置，进行下一次锉削。

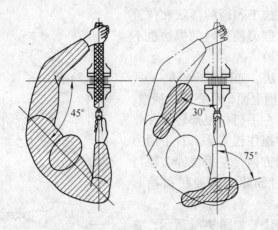

图 9-8　锉削时的站立姿势

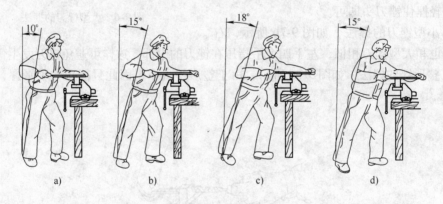

图 9-9　锉削动作

3. 锉削时两手的用力及锉削速度

要锉出平直的平面，必须使锉刀保持直线锉削运动。为此，锉削时右手的压力要随锉刀的推进而逐渐增加，左手的压力要随锉刀的推进而逐渐减小；回程时不加压力，以减小锉齿的磨损。锉削速度一般应在 40 次/min 左右，推出时稍慢，回程时稍快，动作要自然、协调。

4. 工件的夹持

工件在进行锉削时，必须用台虎钳夹持牢固，且方法要正确，同时应注意以下几点：

1）工件尽量夹在台虎钳钳口的中间，因为此处不仅夹紧力最大，且受力均匀，不易造成损坏。

2）要注意控制台虎钳夹紧力的大小，既要紧固，又不能使工件变形。

3）工件伸出钳口的长度应尽量小，以免锉削时工件发生振动，影响加工质量。

4）夹持已加工表面时，应加软金属衬垫。

三、锉削方法

1. 锉削平面

锉削平面是锉削加工中最基本的操作之一，平面锉削的方法一般有三种。

（1）顺向锉 如图9-10所示，锉削时，锉刀的运动方向应与工件夹持方向始终一致。由于顺向锉的锉痕整齐一致，比较美观，因此，对于不大的平面和最后的锉光都采用这种方法。

（2）交叉锉 如图9-11所示，锉削时，锉刀的运动方向与工件夹持的水平方向成50°~60°角，且锉纹交叉。由于锉刀与工件的接触面积较大，锉刀容易掌握平稳，且能从交叉的锉痕上判断出锉面的凹凸情况，因此容易把平面锉平。交叉锉一般用于粗加工，以提高效率，最后精加工时，还要改用顺向锉，以便使锉痕整齐一致。

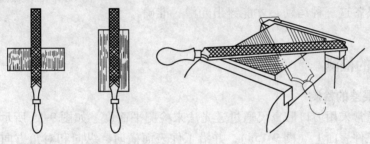

图9-10 顺向锉　　　　　　图9-11 交叉锉

（3）推锉法 如图9-12所示，锉削时，两手对称横握锉刀，用大拇指推动锉刀顺着工件的长度方向进行锉削。其锉削效率低，一般在加工余量较小和修正尺寸时采用。

2. 锉削曲面

曲面由各种不同的曲线形面所组成，掌握凸、凹圆弧面的锉削方法和技能，是掌握各种曲面锉削的基础。

（1）凸圆弧面的锉削 凸圆弧面使用平锉刀进行锉削。锉削时，锉刀在外圆弧面上同时完成两个运动：锉刀前进和锉刀绕工件圆弧中心的转动，如图9-13所示。凸圆弧面的锉削方法有以下两种。

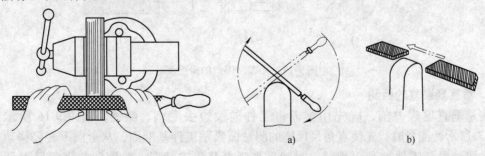

图9-12 推锉法　　　　　　图9-13 凸圆弧面的锉削

1）顺向滚锉法。如图9-13a所示，锉削时，锉刀头向下紧靠工件，右手抬高，左手压低，向前推锉，使锉刀头逐渐由下向前上方作弧形运动，左右两手动作要协调，压力均匀，速度适当。顺向滚锉法的锉纹都是顺着曲面的，美观整齐，故一般用于精锉圆弧表面。

2）横向滚锉法。如图 9-13b 所示，锉削时，锉刀的主要运动是沿圆弧的轴线方向作直线运动，同时锉刀不断沿着圆弧面摆动。此方法的锉削量大，效率高，但只能锉成近似圆弧面的多棱形面，多用于圆弧面的粗锉。

（2）凹圆弧面的锉削 锉削凹圆弧面的锉刀可选用圆锉、组锉（圆弧半径较小时选用）、半圆锉、方锉（圆弧半径较大时选用）等。如图 9-14 所示，锉削时，锉刀同时完成以下三个运动：

1）沿轴向作前进运动，以保证沿轴向全程切削，如图 9-14a 所示。

2）向左或向右移动半个或一个锉刀直径，以避免加工表面出现棱角，如图 9-14b 所示。

3）绕锉刀的轴线转动约 90°，如图 9-14c 所示。

只有同时具备这三种运动，才能锉出光滑、准确的凹圆弧面。

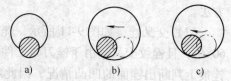

图 9-14　凹圆弧面的锉削

四、锉削的检测

1. 平面度误差的检测

锉削平面通常采用刀口形直尺通过透光法来检测平面度。如图 9-15 所示，将刀口形直尺垂直地放在工件表面上（图 9-15a），并沿工件表面横向、纵向和对角方向多处逐一进行检查（图 9-15b）。若刀口形直尺与工件间透光微弱而均匀，说明该方向是直的；若透光强弱不一，则说明该方向是不直的。平面度误差值可用塞尺测量，对于中凹平面，其平面度误差可取各检查部位中的最大值；对于中凸平面，则应在两边用同样厚度的塞尺进行测量，其平面度误差以各检查部位中的最大直线度误差值计（图 9-15c）。检查时，刀口形直尺的刀口不要在加工面上拖动，应轻提起再轻放到另一检查面，以防磨损。

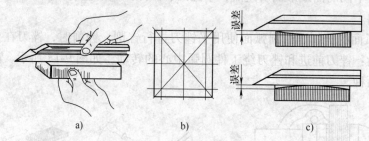

图 9-15　平面度误差的检测

2. 垂直度误差的检测

测量垂直度误差前，应先用锉刀将工件的锐边去毛刺、倒钝，如图 9-16 所示。如图 9-17a 所示，测量时，先使直角尺尺座的测量面紧贴工件基准面，从上向下轻轻移动至直角尺的测量面与工件被测面接触，眼睛平视观察其透光情况。检测时，直角尺不可斜放（图 9-17b），否则将得不到正确的测量结果。

五、安全生产

1）锉刀是右手工具，应放在台虎钳的右面。放在钳工工作台上时，锉刀柄不可露在钳

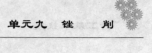

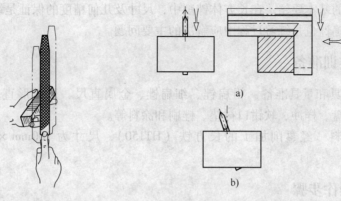

图 9-16　锐边去毛刺　　　　　图 9-17　垂直度误差的检测
　　　　　　　　　　　　　　　　a）正确　b）不正确

工工作台外面，以免其掉落地上砸伤脚或损坏锉刀。

2）没有装柄的锉刀、锉刀柄已裂开或没有锉刀柄箍的锉刀不可使用。

3）锉削时，锉刀柄不能撞击工件，以免锉刀柄脱落造成事故。

4）不能用嘴吹锉屑，也不能用手擦摸锉削表面。

5）锉刀不可当撬棒或锤子使用。

第二节　典型案例——锉削长方体

锉削长方体实训图如图 9-18 所示。

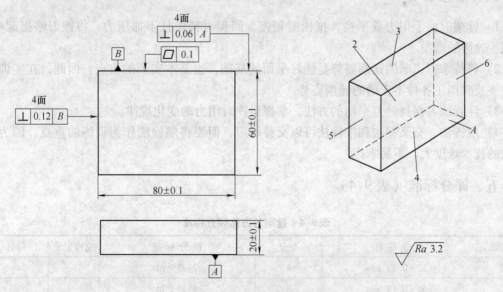

图 9-18　锉削长方体实训图

一、案例分析

在锉削姿势练习的基础上，进一步巩固、完善正确的锉削姿势，提高平面锉削技能，掌握锉削平面的基本要领。在长方体锉削中，尺寸及几何精度的保证是练习的重点，因此，提高测量的正确性也是练习过程中应解决的主要问题。

二、实训准备

（1）工具和量具准备　粗扁锉、细扁锉、金属直尺、刀口形直尺、直角尺、外卡钳、划针、划针盘、样冲、软钳口衬垫、锉刷和涂料等。

（2）备料　经錾削加工的长方铁（HT150），尺寸为 100mm × 52mm × 30mm，每人一块。

三、操作步骤

1）检查来料尺寸。

2）划线，合理分配余量，选择 A 面作为加工基准面。

3）粗锉 A 面（基准面）

4）粗、精锉 2 面。

5）粗、精锉 3 面。

6）粗、精锉 4 面。

7）粗、精锉 5 面。

8）粗、精锉 6 面。

9）全面检查、修整，锐边倒钝角，去毛刺。

四、注意事项

1）锉削时两手用力要平衡，推出时稍慢，回程时稍快且不加压力，将锉刀略提起些，以减少锉齿的磨损。

2）熟练掌握正确的锉削姿势是锉好平面的基础，也是本实训的重点。因此，在实训过程中要及时纠正各种不正确的锉削姿势。

3）注意练习保持锉刀平衡的方法，掌握运锉时用力的变化规律。

4）顺锉法、交叉锉法和推锉法可以交替练习，但要将顺锉法作为训练的重点，因为顺锉法的技术难度大，不易掌握。

五、评分标准（表9-4）

表9-4　锉削长方体评分标准

序号	评分项目	配分	评分标准	交检记录	得分
1	(20 ± 0.1) mm	8	超差全扣		
2	(60 ± 0.1) mm	8	超差全扣		
3	(80 ± 0.1) mm	8	超差全扣		
4	$\boxed{\diagup\ 0.1}$	18（3 ×6）	每超差一处扣3分		
5	$\boxed{\perp\ 0.12\ B}$	12（3 ×4）	每超差一处扣3分		
6	$\boxed{\perp\ 0.06\ A}$	12（3 ×4）	每超差一处扣3分		

（续）

序号	评分项目	配分	评分标准	交检记录	得分
7	尺寸差值小于0.24mm	12（4×3）	每超差一处扣4分		
8	表面粗糙度	6（1×6）	每超差一处扣1分		
9	锉纹整齐，倒角均匀	10	酌情扣分		
10	锉削姿势正确	6	酌情扣分		
11	安全文明生产	扣分	违反规定者每次扣2分		
12	考核时间4h	扣分	每超1h扣5分		
姓名		班级		总分	

孔 加 工

1. 掌握孔加工工具的基础知识。
2. 熟练掌握麻花钻的刃磨方法。
3. 掌握钻孔、铰孔的操作方法。
4. 做到安全和文明操作。

第一节　孔加工基础知识

钳工加工孔的方法主要有两种：一种是用麻花钻等在实体材料上加工孔；另一种是用扩孔钻、锪钻和铰刀等对工件上的已有孔进行再加工。

一、钻孔

钻孔是用钻头在实体材料上加工孔的方法，如图10-1所示。

钳工钻孔常在各类钻床上进行，钻头在半封闭状态下进行钻削，其转速高，切削量大，排屑困难，摩擦严重，钻头易抖动。因此，钻孔的加工精度不高，一般为IT10～IT11，表面粗糙度值为 $Ra12.5\mu m$，常用于孔的粗加工或精度要求不高的孔的加工。

1. 钻头

钻头的种类较多，如麻花钻、扁钻、深孔钻、中心钻等。其中，麻花钻是目前孔加工中应用最广泛的刀具。

（1）麻花钻的结构　麻花钻一般用高速工具钢（W18Cr4V 或 W9Cr4V2）制成，淬火后硬度达 62～68HRC。它由柄部、颈部及工作部分组成，如图 10-2 所示。

图 10-1　钻孔

1）柄部。柄部是钻头的夹持部分，用来传递钻孔时的转矩和轴向力。柄部有直柄和锥柄两种，如图10-2a、b所示，直柄用于直径小于13mm的钻头，锥柄用于直径大于13mm的钻头。

2）颈部。颈部位于柄部和工作部分之间，其作用是磨制钻头时供砂轮退刀用，其上刻印有钻头的商标、规格和材料等，以供选择和识别。

3）工作部分。工作部分由切削部分和导向部分组成。

麻花钻的切削部分有两个刀瓣，主要起切削作用。标准麻花钻由两个前刀面（切屑由此流出的表面）、两个后刀面（与加工表面相对的表面）、两个副后刀面（与已加工表面相对的表面）、两条主切削刃（前刀面与后刀面的交线）、两条副切削刃（前刀面与副后刀面的交线）和一条横刃（两个后刀面的交线）组成，即"五刃六面"，如图10-3所示。

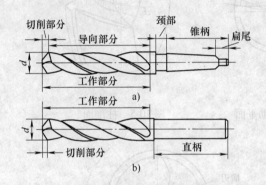

图10-2 麻花钻的结构
a）锥柄 b）直柄

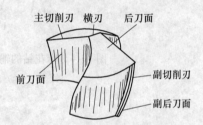

图10-3 麻花钻切削部分的构成

麻花钻的导向部分由两条螺旋槽和两条窄的螺旋形棱带组成，用来保持麻花钻钻孔时的正确方向并修光孔壁。

（2）标准麻花钻的切削角度及作用

1）辅助平面。

① 基面。基面是指通过主切削刃上的任意一点，且垂直于该点切削速度方向的平面。由于钻头的主切削刃不在径向线上，各点切削速度的方向不同，故各点的基面也不相同，如图10-4所示。

② 切削平面。切削平面是指通过主切削刃上的任意一点，并与工件加工表面相切的平面。标准麻花钻的主切削刃为直线，其切线就是钻刃本身，切削平面即为该点切削速度与钻刃构成的平面。

③ 正交平面。正交平面是指通过主切削刃上的任意一点，并垂直于基面和切削平面的平面。

④ 柱剖面。柱剖面是指通过主切削刃上的任意一点作与麻花钻轴线平行的直线，该直线绕麻花钻轴线旋转所形成的圆柱面的切面，如图10-5所示。

2）切削角度。标准麻花钻的切削角度如图10-6所示。

① 顶角 2φ。顶角为两主切削刃在其平行平面 $M—M$ 上的投影之间的夹角。标准麻花钻的顶角 $2\varphi = 118° \pm 2°$，这时两切削刃呈直线形。

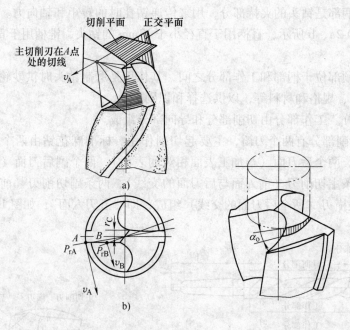

图 10-4　麻花钻的辅助平面　　　　图 10-5　柱剖面

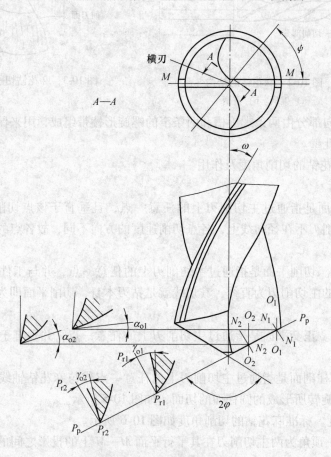

图 10-6　标准麻花钻的切削角度

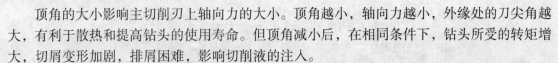

顶角的大小影响主切削刃上轴向力的大小。顶角越小，轴向力越小，外缘处的刀尖角越大，有利于散热和提高钻头的使用寿命。但顶角减小后，在相同条件下，钻头所受的转矩增大，切屑变形加剧，排屑困难，影响切削液的注入。

② 螺旋角 ω。螺旋角为螺旋槽上最外缘的螺旋线展开成直线后与钻头轴线的夹角。在钻头的不同半径处，螺旋角的大小不相等，自外缘向中心逐渐减小。标准麻花钻的螺旋角 $\omega = 18° \sim 30°$，直径越小，螺旋角越小。

③ 前角 γ_o。前角是在主截面内测量的前刀面与基面间投影的夹角。钻头主切削刃上各点的前角不相等，外缘处的前角最大（$\gamma_o = 25° \sim 30°$）；越接近中心，前角越小（$\gamma_o = -30°$）。前角的大小决定着切削的难易程度和切屑在前刀面上摩擦阻力的大小，前角越大，切削越省力。

④ 后角 α_o。后角是在柱剖面内测量的切削平面与后刀面间的夹角。钻头切削刃上各点的后角不相等，外缘处最小，越接近中心越大，通常所说的后角是麻花钻外缘处的后角。按钻头直径大小，后角的值为：$D < 15 \text{mm}$ 时，$\alpha_o = 10° \sim 14°$；$D = 15 \sim 30 \text{mm}$ 时，$\alpha_o = 9° \sim 12°$；$D > 30 \text{mm}$ 时，$\alpha_o = 8° \sim 11°$。

后角越小，钻头后刀面与工件切削表面间的摩擦越严重，切削强度越高。因此，钻硬材料时，后角可适当小些，以保证切削刃的强度；钻软材料时，后角可稍大些，以使钻削省力。

⑤ 横刃斜角 ψ。横刃斜角是在垂直于钻头轴线的端面投影中，横刃和主切削刃所夹的锐角。它的大小与后角的大小密切相关。后角大时，横刃斜角相应减小，横刃变长，轴向阻力增大，钻削时不易定心。标准麻花钻的横刃斜角 $\psi = 50° \sim 55°$。

（3）标准麻花钻的刃磨和修磨

1）标准麻花钻的刃磨。麻花钻的切削刃在使用变钝后进行重新磨锐的过程称为刃磨。

标准麻花钻的刃磨要求是：两个后刀面刃磨光滑，顶角 2φ 为 $118° \pm 2°$，外缘处的后角 α_o 为 $10° \sim 14°$，横刃斜角 ψ 为 $50° \sim 55°$，两主切削刃的长度及其和钻头轴线组成的两个 φ 角要相等。

钻头刃磨得不正确，会影响钻孔质量。若后角磨得太小甚至成为负后角，则磨出的钻头将不能使用。刃磨钻头时，使用的砂轮粒度一般为 F46 ~ F80，硬度最好采用中软级的氧化铝砂轮，且砂轮圆柱面和侧面都要平整。砂轮在旋转中不得跳动。

初学磨钻头，可取新的标准钻头在砂轮静止时，使标准钻头与砂轮水平中心面的外圆处接触，按照标准钻头上的角度，以正确的刃磨姿势，缓慢转动，并始终使钻头与砂轮贴合。通过这样的一比一磨，一磨一比，掌握刃磨要领。

刃磨时，右手握住钻头的头部作为定位支点，使钻头的主切削刃成水平。钻刃轻轻地接触砂轮水平中心面的外圆，如图 10-7a 所示，即磨削点在砂轮中心的水平位置。钻头中心线和砂轮轴线之间的夹角等于顶角 2φ 的一半（$58° \sim 59°$），左手握住钻头柄部，如图 10-7b 所示。慢慢地使钻头绕中心转动，把钻尾往下压，如图 10-7c 所示，并作上下扇形摆动，摆动角度约等于钻头后角角度；同时，顺时针转动约 45°，转动时逐渐加重手指的力量，将钻头压向砂轮，这一动作要协调，直到钻头符合要求为止。另外，刃磨钻头时，在磨到刃口时磨削量要小，停留时间要短，防止切削部分因过热而退火，同时还应经常将钻头浸入水中冷却，防止钻头因过热退火而降低硬度。

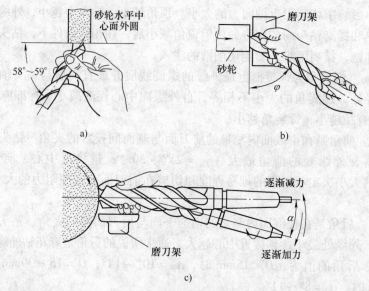

图 10-7 麻花钻刃磨姿势示意图

a) 刃磨时的握法 b) 以磨刀架为支点磨钻头 c) 麻花钻尾部向下压

钻头刃磨后，可用检验样板检验其几何角度及两主切削刃的对称性，如图 10-8 所示。在刃磨过程中，应经常用目测法进行检验。目测检验时，将钻头的切削部分向上竖立，并反复旋转 180°，两眼应平视。如果观察切削刃高低一致，则说明钻头对称。对于钻头的后角，可观察横刃斜角是否接近 55°，横刃斜角大，则说明后角太小；横刃斜角小，则说明后角太大。另外，横刃要基本平直。

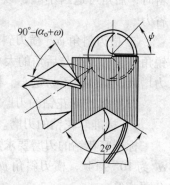

图 10-8 用样板检查刃磨角度

2) 标准麻花钻横刃的修磨。为改善标准麻花钻的切削性能，提高钻削效率和延长刀具寿命，通常要对其切削部分进行有选择性的修磨，如修磨横刃、修磨主切削刃、修磨棱边、修磨前刀面、修磨分屑槽等。

标准麻花钻的横刃较长，且横刃处的前角存在较大的负值。因此，在钻孔时，横刃处的切削为挤刮状态，轴向力较大；同时，横刃长，则定心作用不好，钻头容易发生抖动。所以，对于直径在 $\phi6mm$ 以上的钻头必须修短横刃，并适当增大靠近横刃处的前角。

① 修磨要求。把横刃磨短成 $b = 0.5 \sim 1.5mm$，修磨后形成内刃，使内刃斜角 $\tau = 20° \sim 30°$，内刃处的前角 $\gamma_{\tau} = -15° \sim 0°$，如图 10-9 所示。

② 修磨时钻头与砂轮的相对位置。钻头轴线在水平面内与砂轮侧面左倾约 15° 夹角，在垂直平面内与刃磨点的砂轮半径方向约成 55° 下摆角，如图 10-10 所示。

2. 钻孔方法

（1）一般工件钻孔的方法

1) 划线。为保证所钻孔的位置精度，在钻孔前要进行划线。划线时，不仅要划出孔的十字中心线，还要划出孔的圆周线（加工界线）。然后在圆心处打一个较大的样冲眼，以便钻孔时钻头横刃能落入样冲眼内，钻头不易偏离钻孔中心。

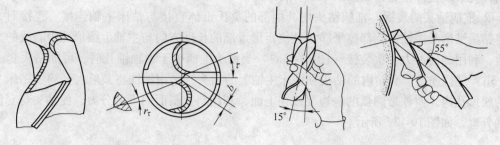

图 10-9 横刃修磨的几何参数   图 10-10 横刃的修磨方法

2）工件的夹持。工件在钻孔前必须夹紧，以防钻孔时因工件的移动而折断钻头或使钻孔位置偏移，工件的夹持方法要根据工件的大小和形状而定。

对小型工件和薄板件钻孔时，可用手虎钳夹持，如图 10-11a 所示。对于小而厚、形状规整的工件，可用机用平口钳夹持，如图 10-11b 所示。在较长工件上钻较小的孔时，可用手直接把持，为确保安全，可在钻床工作台上用螺钉靠住，如图 10-11c 所示。对于较大的工件，且钻孔直径在 12mm 以上时，可直接用压板、螺钉或垫铁将其固定在工作台上，如图 10-11d 所示。在圆柱形工件上钻孔时，为防止加工过程中工件转动，应把工件放在 V 形铁上，然后用压板压紧，如图 10-11e 所示。对于底面不平或加工基准在侧面的工件，则应将工件定位夹持在角铁上，并将角铁固定在工作台上。

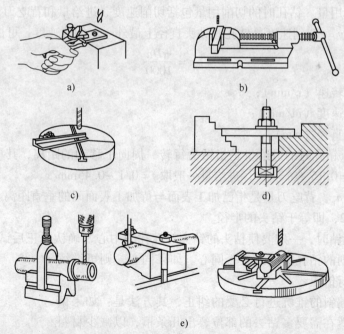

a)   b)

c)   d)

e)

图 10-11 钻孔时工件的夹持方法

3）钻头的装拆。

①直柄钻头的装拆。直柄钻头用钻夹头夹持，如图 10-12 所示。图 10-12a 所示为钻夹头和钥匙，装夹时，先将钻头柄部塞入钻夹头的三个卡爪内，其夹持长度不能小于 15mm，如图 10-12b 所示。然后用钻夹头钥匙 4 旋转外套 3，使外套内的环形螺母 2 带动三个卡爪 1

移动，夹紧或松开钻头，如图 10-12c 所示。

② 锥柄钻头的装拆。锥柄钻头用其柄部的莫氏锥体直接与钻床主轴连接。连接时，必须将钻头锥柄及主轴锥孔都擦干净，且使矩形舌部的长度方向与主轴上腰形孔中心线的方向一致，利用加速冲力一次装接（图 10-13a）。当钻头锥柄小于主轴锥孔时，可加钻头套（图 10-13b）进行连接。套筒内的钻头和钻床主轴上的钻头，是用斜铁将其敲入套筒或钻床主轴上的腰形孔内，斜铁带圆弧的一边要放在上面，利用斜铁斜面向下的分力，使钻头与套筒或主轴分离，如图 10-13c 所示。

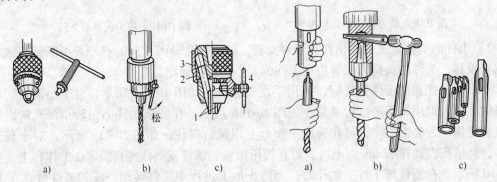

图 10-12　用钻夹头装夹　　　　　图 10-13　锥柄钻头的装拆

1—卡爪　2—环形螺母　3—外套　4—钻夹头钥匙

4）选择切削用量。钻孔时的切削用量包括切削速度、进给量和背吃刀量三要素。

① 切削速度 v_c。切削速度是钻孔时钻头直径上最外一点的线速度，可由下式计算

$$v_c = \frac{\pi D n}{1000} \tag{10-1}$$

式中　n——主轴转速（r/min）；

　　　v_c——切削速度（m/min）；

　　　D——钻头直径（mm）。

② 进给量 f。钻孔时的进给量是指钻头每转一周向下移动的距离，其单位为 mm/r。切削速度通常取 $v_c = 0.15 \sim 0.3$ m/s；进给量一般取 $f = 0.1 \sim 0.45$ mm/r。

③ 背吃刀量 a_p。背吃刀量是指已加工表面与待加工表面间的垂直距离。对于钻孔而言，背吃刀量 $a_p = D/2$，即等于钻头的半径。

5）起钻。起钻时，一定要使钻头的钻尖对准孔的中心，确认对正后试钻一锥坑，观察钻出的锥坑与所划的钻孔圆周线是否同心。如果同心，则可继续钻孔，否则应进行借正。

借正是指对偏斜的锥坑进行必要的纠正，其方法是：如果偏离较多，可用扁錾在需要多钻去的部位錾出几条槽，以减少材料对钻头的阻力，如图 10-14 所示；如果偏离较少，可用样冲在需要去掉的部位冲眼纠偏，然后进行试钻，直到完全校正为止。注意，无论采用何种方法，都必须在锥坑外圆小于钻头直径之前完成。

6）手动进给。在台式钻床上钻孔时，试钻后即可手动进给

图 10-14　用中心钻
试钻精确定位

钻削，进给力不可过大。钻小孔或深孔时，进给力要小，并要经常退钻排屑，以免切屑阻塞孔而扭断钻头，当钻孔深度达到直径的3倍时，一定要退钻排屑；钻孔将穿时，进给力必须减小，以防钻头折断，造成事故。

7）切削液。为了使钻头散热冷却，减少钻削时钻头与工件、切屑之间的摩擦，以及消除粘附在钻头和工件表面上的积屑瘤，从而降低切削力，提高钻头寿命和改善加工孔表面的质量，钻孔时要加注足够的切削液。钻钢件时，可用3%～5%（体积分数）的乳化液；钻铸铁时，一般可不加或用5%～8%（体积分数）的乳化液连续加注。

（2）在圆柱体工件上钻孔的方法　如果圆柱体上所钻的孔通过圆柱体的轴线并与轴线垂直，且对称度要求较高，须做一个定心工具，如图10-15a所示。钻孔前，先将定心工具夹持在钻夹头内，用百分表找正其圆锥部分与钻床主轴间的同轴度，使其摆动量为0.01～0.02mm。下降钻轴，使定心工具的圆锥部分和V形铁贴合，用压铁固定V形铁。然后换上钻头，将工件置于V形铁上，用直角尺或其他工具找正工件的钻孔位置，如图10-15b所示，使钻头对准钻孔中心后，压紧工件，即可进行试钻。

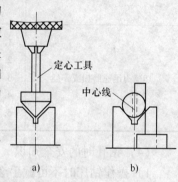

图 10-15　在圆柱体工件上钻孔

钻孔时，应先试钻一浅坑，观察其中心位置是否准确，如有偏差，往往是横刃过长，钻尖不够锋利所致。此时可重新修磨横刃，适当减小顶角后，再进行试钻。

当对称度要求不太高时，可不用定心工具，而直接用钻头尖对正V形铁的中心位置进行找正，然后用直角尺找正工件一端的中心线，进行试钻和钻孔。

（3）钻孔时可能出现的问题及其原因（表10-1）

表 10-1　钻孔时可能出现的问题及其原因

问　题	产 生 原 因
孔大于规定尺寸	1. 钻头两切削刃长度不等，高低不一致 2. 钻床主轴径向偏摆或工作台未锁紧有松动 3. 钻头本身弯曲或装夹不好，使钻头有过大的径向跳动量
孔壁粗糙	1. 钻头不锋利 2. 进给量太大 3. 切削液选用不当或供应不足
孔位偏移	1. 工件划线不正确 2. 钻头横刃太长，定心不准，起钻过偏而没有找正
孔歪斜	1. 工件上与孔垂直的平面与主轴不垂直或钻床主轴与台面不垂直 2. 安装工件时，安装接触面上的切屑未清除干净 3. 工件装夹不牢，钻孔时产生歪斜，或者工件有砂眼
钻孔呈多角形	1. 钻头后角太大 2. 钻头两主切削刃长短不一，角度不对称

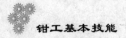

（续）

问　题	产　生　原　因
钻头工作部分折断	1. 钻头用钝仍继续钻孔 2. 钻孔时未经常退钻排屑，使切屑阻塞在钻头螺旋槽内 3. 孔将钻通时没有减小进给量 4. 进给量过大 5. 工件未夹紧，钻孔时产生松动
切削刃迅速磨损或碎裂	1. 切削速度太高 2. 没有根据工件材料的硬度刃磨钻头角度 3. 工件表面或内部硬度高或有砂眼 4. 进给量过大 5. 切削液不足

（4）钻孔时的安全知识

1）操作钻床时不可戴手套，袖口必须扎紧，女生必须戴工作帽。

2）工件必须夹紧，特别是在小工件上钻较大直径的孔时，装夹必须牢固，孔将钻穿时要尽量减小进给力。

3）开动钻床前，应检查是否有钻夹头钥匙或斜铁插在钻轴上。

4）钻孔时不可用手和棉纱或用嘴吹来清除切屑，必须用毛刷清除；钻出长条切屑时，要用钩子钩断后除去。

5）操作者的头部不准与旋转着的主轴靠得太近，停车时应让主轴自然停止，不可用手刹住，也不能用反转制动。

6）严禁在钻床运转的状态下装拆工件。检验工件和变换主轴转速，必须在停车的状况下进行。

7）清洁钻床或加注润滑油时，必须切断电源。

二、扩孔

1. 扩孔的概念

用扩孔钻或麻花钻对工件上已有的孔进行扩大加工的操作方法称为扩孔，如图 10-16 所示。扩孔的精度比钻孔高，尺寸公差等级一般可达 IT9 ~ IT10，表面粗糙度可达 $Ra3.2$ ~

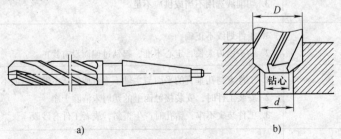

图 10-16　扩孔与扩孔钻

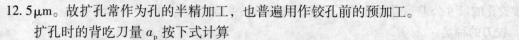

12.5μm。故扩孔常作为孔的半精加工，也普遍用作铰孔前的预加工。

扩孔时的背吃刀量 a_p 按下式计算

$$a_p = (D - d)/2 \qquad (10\text{-}2)$$

式中　D——扩孔后孔的直径（mm）；

　　　d——预加工孔的直径（mm）。

用扩孔钻扩孔时，扩孔前的钻孔直径为要求孔径的 0.9 倍；用麻花钻扩孔时，扩孔前的钻孔直径为要求孔径的 0.5 ~ 0.7 倍。

2. 扩孔钻

与麻花钻相比，扩孔钻具有以下结构特点：

1）扩孔钻有较多的切削刃，即有较多的刀齿棱边刃，其导向性好，切削平稳，因而扩孔质量比钻孔质量高。

2）由于扩孔钻的钻心较粗，具有较好的刚度，所以可增大进给量。扩孔的进给量为钻孔的 1.5 ~ 2 倍，但切削速度约为钻孔的 1/2。

3）扩孔时因中心不切削，所以扩孔钻没有横刃，可避免由横刃引起的一些不良影响。

4）扩孔时因切削深度较小，排屑容易，切削角度可取较大值，故加工表面质量较好。

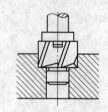

a)

三、锪孔

用锪孔钻在孔口表面加工出一定形状的孔或表面的方法称为锪孔，如图 10-17 所示。锪孔的类型主要有锪圆柱形沉孔、锪圆锥形沉孔和锪孔口凸台面。锪孔的作用是保证孔与连接件具有正确的相对位置，使连接可靠。锪孔时刀具容易产生振动，使所锪的端面或锥面出现振痕，特别是使用麻花钻改制的锪钻时，振痕更为严重。因此，锪孔时应注意以下几点：

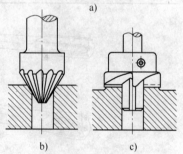

b)　　　c)

图 10-17　锪孔

a）锪圆柱形沉孔　b）锪圆锥形沉孔
c）锪凸台平面

1）锪孔时的进给量为钻孔的 2 ~ 3 倍，切削速度为钻孔的 1/3 ~ 1/2。

2）精锪时可利用停车后的主轴惯性来锪孔，以减少振动而获得光滑表面。

3）使用由麻花钻改制的锪钻时，应尽量选用较短的钻头，并适当减小后角和外缘处的前角，以防止扎刀和减少振动。

4）锪钢件时，应在导柱和切削表面加切削液润滑。

四、铰孔

用铰刀对已粗加工过的孔进行精加工的操作称为铰孔，如图 10-18 所示，可加工圆柱孔和圆锥孔。铰刀是精度较高的多刃刀具，具有切削余量小、导向性好、加工精度高等特

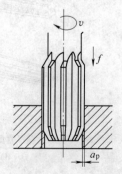

图 10-18　铰孔

点，故铰孔的尺寸公差等级可达 IT7 ~ IT9，表面粗糙度值 Ra 为 $0.8 ~ 3.2\mu m$。

1. 铰刀的种类

铰刀常用高速工具钢或高碳钢制成，使用范围较广。铰刀的分类及其结构特点与应用见表 10-2。铰刀的基本类型如图 10-19 所示。

表 10-2　铰刀的分类及其结构特点与应用

分类			结构特点与应用
按使用方法分类	手用铰刀		柄部为方榫形，以便铰杠套入。其工作部分较长，切削锥角较小
	机用铰刀		工作部分较短，切削锥角较大
按结构分类	整体式圆柱铰刀		用于铰削标准直径系列的孔
	可调式手用铰刀		用于单件生产和修配工作中需要铰削的非标准孔
按外部形状分类	直槽铰刀		用于铰削普通孔
	锥铰刀	1:10 锥铰刀	用于铰削联轴器上与锥销配合的锥孔
		莫氏锥铰刀	用于铰削 0 ~ 6 号莫氏锥孔
		1:30 锥铰刀	用于铰削套式刀具上的锥孔
		1:50 锥铰刀	用于铰削圆锥定位销孔
	螺旋槽铰刀		用于铰削有键槽的内孔
按切削部分的材料分类	高速工具钢铰刀		用于铰削各种碳钢或合金钢
	硬质合金铰刀		用于高速或硬材料的铰削

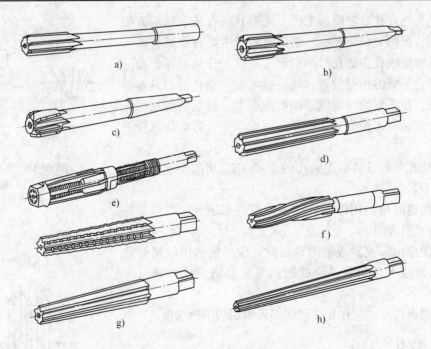

图 10-19　铰刀的基本类型

a) 直柄机用铰刀　b) 锥柄机用铰刀　c) 硬质合金锥柄机用铰刀

d) 手用铰刀　e) 可调式手用铰刀　f) 螺旋槽手用铰刀

g) 直柄莫氏圆锥铰刀　h) 手用 1:50 锥铰刀

2. 铰孔方法

（1）铰削用量的选择

1）铰削余量的选择。铰削余量是指上道工序完成后，在直径方向留下的加工余量。铰削余量应适中，余量过大，会使尺寸精度降低，表面粗糙度值增大，同时加剧铰刀的磨损；余量过小，上道工序的残留变形难以得到纠正，原有刀痕不能去除，铰削质量达不到要求。通常应根据孔径大小、材料硬度、尺寸精度、表面粗糙度要求、铰刀类型及加工工艺等多种因素进行合理选择。一般粗铰余量为 $0.15 \sim 0.35mm$，精铰余量为 $0.1 \sim 0.2mm$。

2）机铰铰削速度 v_c 的选择。机铰时，为了获得较小的加工表面粗糙度值，必须避免产生积屑瘤，减少切削热及变形，因此应取较小的切削速度。用高速工具钢铰刀铰削钢件时，$v_c = 4 \sim 8m/min$；铰削铸铁件时，$v_c = 6 \sim 8m/min$；铰削铜件时，$v_c = 8 \sim 12m/min$。

3）机铰进给量 f 的选择。铰削钢件及铸铁件时，f 可取 $0.5 \sim 1mm/r$；铰削铜、铝件时，f 可取 $1 \sim 1.2mm/r$。

（2）铰削操作方法

1）手铰时，两手用力要均匀，铰杠要放平，旋转速度要匀速、平稳，不能使铰刀摇摆，以避免将孔口铰成喇叭形或扩大孔径。铰刀退出时，仍应按顺时针方向转动，不能反转，以防止磨钝铰刀刃口和使切屑嵌入刀具后刀面与孔壁间，而划伤已铰好的孔壁。

2）机铰时，应对工件采取一次装夹进行钻、铰操作，以保证铰刀轴线与钻孔轴线一致。铰削后，应退出铰刀后再停机，以免将孔壁拉出痕迹。

3）用电钻铰孔时，一般用钻夹头夹紧手铰刀；双手握电钻，始终保持铰刀原来的位置，不能倾斜或产生摇晃，并均匀地进给。

4）铰削尺寸较小的圆锥孔时，可先按小端直径钻孔，然后用锥铰刀直接铰出。对于尺寸和深度较大的孔，为了减小铰削余量，铰孔前可先钻出阶梯形孔，如图 10-20 所示，然后用铰刀铰削。铰削过程中，要经常用相配的圆锥销检查铰孔尺寸，正确的铰孔深度应使圆锥销敲紧后，其端面露出倒角位置，如图 10-21 所示。

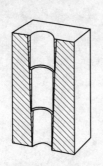

图 10-20 钻出阶梯孔

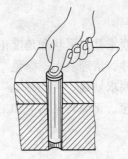

图 10-21 用圆锥销检查铰孔深度

5）铰削时必须选用适当的切削液来减少铰刀与孔壁间的摩擦，降低刀具和工件的温度，减少粘附在铰刀和孔壁上的切屑细末，从而减小孔的表面粗糙度值和孔的扩大量。

第二节 典型案例——钻孔

钻孔实训图如图 10-22 所示。

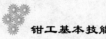

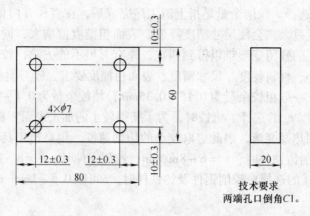

技术要求
两端孔口倒角C1。

图 10-22　钻孔

一、案例分析

通过钻孔实训要达到以下要求：熟悉钻床的性能、使用方法及钻孔时工件的装夹方法；掌握标准麻花钻的刃磨方法；掌握划线钻孔的方法，并能达到一定的加工精度；能正确分析钻孔时出现的问题，做到安全文明操作。

二、实训准备

（1）工具和量具准备　钻头、划针、样冲、划针盘、金属直尺、钻头、压板、螺栓、切削液和涂料等。

（2）备料　长方铁（HT150），厚50mm。

三、操作步骤

1）刃磨钻头，要求几何形状和角度正确。

2）检查毛坯尺寸，清理表面，涂色。

3）在毛坯上按要求划线。

4）调整钻床转速，正确装夹钻头和工件。

5）按要求钻孔。

四、注意事项

1）熟练掌握钻头的刃磨方法，做到刃磨姿势、钻头几何形状和角度正确。

2）用钻夹头装夹钻头时要使用钻夹头钥匙，不得用楔铁和锤子敲击，以免损坏钻夹头。

3）钻头用钝后必须及时修磨锋利。

4）钻孔时，手动进给的压力应根据钻头的工作情况以目测和手感进行控制。

五、评分标准（表10-3）

表10-3　钻孔评分标准

序号	评分项目	配分	评分标准	交检记录	得分
1	（10±0.3）mm	20（5×4）	每超差一处扣5分		
2	（12±0.3）mm	20（5×4）	每超差一处扣5分		
3	孔口倒角 C1	16（2×8）	每超差一处扣2分		
4	掌握台式钻床各部分的作用	8	总体评定		
5	正确操作台式钻床	12	总体评定		
6	钻头刃磨质量	12	总体评定		
7	钻头的修磨	12	不合要求酌情扣分		
8	安全文明生产	扣分	违反规定者每次扣2分，严重者扣5~10分		
9	考试时间6h	扣分	每超1h扣5分		
姓名		班级		总分	

单元十一

攻螺纹与套螺纹

学习目标

1. 掌握螺纹加工的基本知识。
2. 掌握攻、套螺纹的操作方法。
3. 了解攻、套螺纹中的常见问题及其产生原因和预防方法。
4. 了解攻、套螺纹的安全注意事项。

第一节　螺纹加工基础知识

一、攻螺纹

攻螺纹是用丝锥在孔中切削出内螺纹的加工方法如图 11-1 所示。

1. 攻螺纹的工具

（1）丝锥　丝锥是加工内螺纹的工具。按照不同的分类方法，丝锥有手用和机用、左旋和右旋、粗牙和细牙之分，如图 11-2 所示，手用丝锥一般采用合金工具钢制造，机用丝锥常用高速工具钢制造。

1）丝锥的结构。丝锥由柄部和工作部分组成。柄部是攻螺纹时被夹持的部分，起传递转矩的作用。工作部分由切削部分 L_1 和校准部分 L_2 组成，切削部分制成锥形，前角 $\gamma_o = 8° \sim 10°$，后角

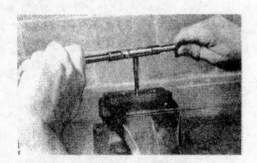

图 11-1　攻螺纹

$\alpha_o = 6° \sim 8°$，形成锋利的切削刃，起主要的切削作用；校准部分有完整的牙型，用来修光和校准已切出的螺纹，并引导丝锥沿轴向前进。

2）成组丝锥。攻螺纹时，为了减小切削力和延长丝锥寿命，一般将整个切削量分配给几支丝锥来承担。通常 M6 ~ M24 的丝锥每组有两支；M6 以下及 M24 以上的丝锥每组有三

支；细牙螺纹丝锥每组为两支。切削力负荷的分配有锥形分配和柱形分配两种形式，常用丝锥一般为锥形分配，按头锥、二锥、三锥的顺序加工。

（2）铰杠 铰杠是手工攻螺纹时用来夹持丝锥的工具。铰杠分普通铰杠（图11-3）和丁字形铰杠（图11-4）两种，每种铰杠又有固定式和可调式两种。一般攻 M5 以下的螺纹采用固定铰杠；攻 M5 以上的螺纹采用可调式铰杠，这种铰杠可以调节方孔尺寸，应用范围广，有 150～600mm 六种规格。

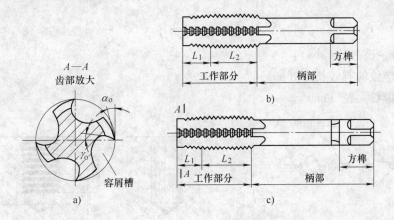

图 11-2　丝锥

a）切削部分齿部放大图　b）手用丝锥　c）机用丝锥

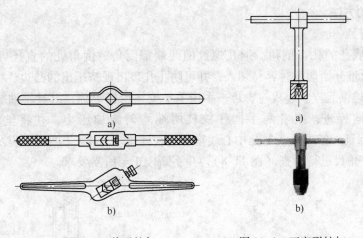

图 11-3　普通铰杠　　　　图 11-4　丁字形铰杠

a）固定式　b）可调式　　　　a）固定式　b）可调式

2. 攻螺纹前底孔直径与孔深的确定

（1）攻螺纹前底孔直径的确定　攻螺纹时，丝锥对金属层有较强的挤压作用，会使螺纹牙顶凸起一部分，如图 11-5 所示。此时，如果螺纹牙顶与丝锥牙底之间没有足够的容屑空间，则丝锥会被挤压出来的材料箍住，易造成崩刃、折断和螺纹烂牙。因此，攻螺纹之前的底孔直径应稍大于螺纹小径。一般应根据工件材料的塑性和钻孔时的扩张量来考虑，使攻螺纹时既有足够的空隙容纳被挤出的材料，又能保证加工出来的螺纹具有完整的牙型。

加工韧性材料时
$$D_{钻} = D - P \tag{11-1}$$

加工脆性材料时 $\qquad D_{钻} = D - (1.05 \sim 1.1)P$ $\qquad\qquad$ (11-2)

式中　$D_{钻}$——螺纹底孔直径（mm）；

$\qquad D$——螺纹公称直径（大径）（mm）；

$\qquad P$——螺距（mm）。

（2）攻不通孔螺纹时底孔深度的确定　攻不通孔螺纹时，由于丝锥的切削部分不能切出完整的螺纹，所以钻孔深度应大于螺纹的有效长度，如图 11-6 所示。一般钻孔深度的计算公式为

$$H = h + 0.7D \qquad\qquad (11\text{-}3)$$

式中　H——底孔深度（mm）；

$\qquad h$——螺纹的有效长度（mm）；

$\qquad D$——螺纹大径（mm）。

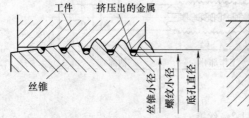

图 11-5　攻螺纹前的挤压现象　　　　图 11-6　螺纹底孔深度的确定

3. 攻螺纹的方法

1）划线，打底孔。

2）在螺纹底孔的孔口倒角。通孔螺纹的两端都倒角，倒角处的直径可略大于螺纹大径，这样可使丝锥开始切削时容易切入，并可防止孔口出现挤压出的凸边。

3）用头攻丝锥起攻。起攻时，可一手用手掌按住铰杠中部，沿丝锥轴线用力加压，另一手配合作顺向旋进；或者两手握住铰杠两端均匀施加压力，并将丝锥顺时针旋进（图 11-7），应保证丝锥中心线与孔中心线重合。在丝锥攻入 1 ~ 2 圈后，应及时从前后、左右两个方向用直角尺进行检查（图 11-8），并不断校正至所需要求。

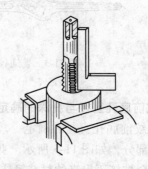

图 11-7　用头攻丝锥起攻　　　　图 11-8　检查丝锥垂直度

4）当丝锥的切削部分全部进入工件后，就不需要再施加压力，而是靠丝锥作的自然旋进进行切削。此时，两手旋转用力要均匀，并要经常倒转 1/4 ~ 1/2 圈，以使切屑碎断后容

易排除，避免因切屑阻塞而使丝锥卡住。

5）攻螺纹时，必须以头锥、二锥、三锥的顺序攻削至标准尺寸。在较硬的材料上攻螺纹时，可轮换各丝锥交替攻下，以减小切削部分的负荷，防止丝锥折断。

6）攻不通孔时，可在丝锥上做好深度标记，并要经常退出丝锥，清除留在孔内的切屑，否则会因切屑堵塞而使丝锥折断或达不到深度要求。当工件不便倒向进行清屑时，可用弯曲的小管子吹出切屑，或者用磁性针棒将其吸出。

7）攻韧性材料的螺孔时，要加切削液，以减小切削阻力，减小加工螺孔的表面粗糙度值和延长丝锥寿命。攻钢件时使用全损耗系统用油，螺纹质量要求高时可用工业植物油；攻铸铁件时可加煤油。

二、套螺纹

套螺纹是用板牙在圆杆或管子上切削出外螺纹的加工方法，如图 11-9 所示。

1. 套螺纹工具

（1）板牙 板牙又称圆板牙，是加工外螺纹的工具，由合金工具钢或高速工具钢制作并经淬火处理。如图 11-10 所示，板牙由切削部分、校准部分和排屑孔组成。板牙的两端面都有切削部分，待一端磨损后，可换另一端使用。

（2）板牙架 板牙架是装夹板牙的工具，如图 11-11 所示。板牙放入后，用螺钉紧固。

图 11-9　套螺纹

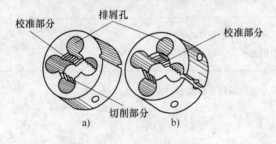

图 11-10　板牙

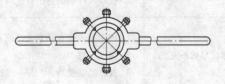

图 11-11　板牙架

2. 套螺纹前圆杆直径的确定

套螺纹的过程与用丝锥攻螺纹相同，板牙会对螺纹部分的材料产生挤压作用，因此，圆杆直径应小于螺纹大径。一般圆杆直径用下列经验公式计算

$$d_{杆} = d - 0.13P \tag{11-4}$$

式中　$d_{杆}$——圆杆直径（mm）；

　　　d——螺纹大径（mm）；

　　　P——螺距（mm）。

为了使板牙起套时容易切入工件并作正确引导，圆杆端部要倒成圆锥半角为 15°~20° 的锥体，锥体的小端直径要比螺纹小径略小，以避免切削出螺纹的端部出现锋口和卷边。

3. 套螺纹的方法

1）为防止圆杆夹持出现偏斜和夹伤圆杆，圆杆应装夹在用硬木制成的 V 形夹块或用软金属制成的衬垫中，并保证夹紧可靠。

2）起套时，一手用手掌按住板牙架中部，沿圆杆轴向施加压力；另一手作顺向切进，转动要慢，压力要大，并保证板牙端面与圆杆轴线的垂直度。

3）在板牙切入 2~3 牙时，应及时检查其垂直度并作准确校正。

4）正常套螺纹时，不要加压，让板牙自然引进，以免损坏螺纹和板牙，且应经常倒转以断屑。

5）在钢件上套螺纹时要加切削液，以延长板牙的使用寿命，减小螺纹的表面粗糙度值。

三、攻、套螺纹时的常见问题及其产生原因（表 11-1）

表 11-1　攻、套螺纹时的常见问题及其产生原因

常见问题	产生原因
螺纹乱牙	1. 攻螺纹时底孔直径太小，起攻困难，左右摆动，孔口乱牙 2. 换用二、三锥时强行校正或没旋合好就攻下 3. 圆杆直径过大，起套困难，左右摆动，杆端乱牙
螺纹滑牙	1. 攻不通孔的较小螺纹时，丝锥已到底仍继续转 2. 攻强度低或小孔径螺纹时，丝锥已切出螺纹仍继续加压，或者攻完时连同铰杠作自由的快速转出 3. 未加适当的切削液及一直攻、套而不倒转，以至切屑堵塞将螺纹啃坏
螺纹歪斜	1. 攻、套时位置不正，起攻、套时未作垂直度检查 2. 孔口、杆端倒角不良，两手用力不均，切入时歪斜
螺纹形状不完整	1. 攻螺纹底孔直径太大，或者套螺纹圆杆直径太小 2. 圆杆不直 3. 板牙经常摆动
丝锥折断	1. 底孔太小 2. 攻入时丝锥歪斜或歪斜后强行校正 3. 没有经常反转断屑和清屑，或不通孔攻到底还继续攻下 4. 铰杠使用不当 5. 丝锥牙齿爆裂或磨损过多仍强行攻下 6. 工件材料过硬或夹有硬点 7. 两手用力不均或用力过猛

第二节　典型案例——攻、套螺纹

攻、套螺纹实训图如图 11-12 所示。

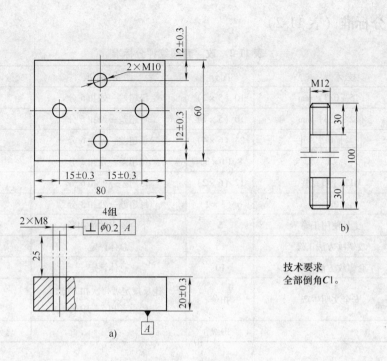

图 11-12 攻、套螺纹实训图

一、案例分析

重点掌握攻螺纹底孔直径和套螺纹圆杆直径的确定方法，以及攻螺纹和套螺纹的方法。通过练习进一步掌握钻孔方法，达到孔加工精度的要求；能够分析并处理攻螺纹和套螺纹中常见问题的产生原因；达到安全文明生产要求。

二、实训准备

（1）工具和量具准备 钻头、丝锥（M6、M8、M10、M12）及与其相配的铰杠、直角尺、金属直尺、划针、样冲、试配用的螺钉、润滑油和涂料等。

（2）备料 长方铁（HT150），经刨削、锉削加工。

三、操作步骤

1）按图样划出各螺孔的加工位置线。

2）钻各螺纹底孔，并对孔口倒角。

3）按螺纹底孔位置顺序攻螺纹。

4）用相配的螺钉试配检验。

四、注意事项

1）起攻时，要从两个方向进行垂直度的检测和校正。

2）注意起攻的正确性，控制两手用力均匀和用力适度。

五、评分标准（表11-2）

表11-2　攻、套螺纹评分标准

序号		技　术　要　求	配分	评　分　标　准	交检记录	得分
攻螺纹	1	(15±0.3) mm	10（5×2）	每超差一处扣5分		
	2	(12±0.3) mm	10（5×2）	每超差一处扣5分		
	3	⊥ φ0.2 A	24（6×4）	每超差一处扣6分		
	4	C1	8（1×8）	每超差一处扣1分		
套螺纹	5	M12 牙型完整	12（6×2）	每超差一处扣6分		
	6	30mm	6（3×2）	每超差一处扣3分		
其他	7	工具使用正确	5	不合要求酌情扣分		
	8	攻螺纹方法正确	15	总体评定		
	9	套螺纹方法正确	10	总体评定		
	10	安全文明生产	扣分	违反规定者每次扣2分，严重者扣5～10分		
姓名			班级		总分	

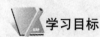

单元十二

阶 段 练 习

学习目标

1. 巩固划线、锉削、锯削、钻孔、攻螺纹及精度测量等基本知识和基本技能。
2. 能正确并熟练地修整、刃磨所使用的工具，如钻头及丝锥等。
3. 做到安全生产和文明生产。

第一节　典型案例一——制作对开夹板

对开夹板零件如图 12-1 所示。

一、案例分析

本案例的目的是熟练掌握划线、锯削、锉削、孔加工、螺纹加工等钳工基本操作，掌握对开夹板夹紧的一般步骤，提高对各种零件加工工艺的分析能力，以及掌握零件的检测方法以提高零件的加工精度。

二、实训准备

（1）工具和量具准备　划规、划针、样冲、游标卡尺、千分尺、金属直尺、手锯、锉刀（包括整形锉、异形锉）、钻头及丝锥等。
（2）备料　毛坯材料为 45 钢，尺寸为 102mm×22mm×20mm，每人一副。

三、操作步骤

1）检查并锯断来料。
2）锉削 20mm×18mm 的加工面（加工两件），各面留加工余量 0.3~0.5mm。
3）按图划出全部锯削、锉削加工线。
4）锯、锉完成 14mm 尺寸面的加工（先做一件）。
5）锉 4 个 45°斜面，最后的精加工采用直向锉，锉直锉纹。

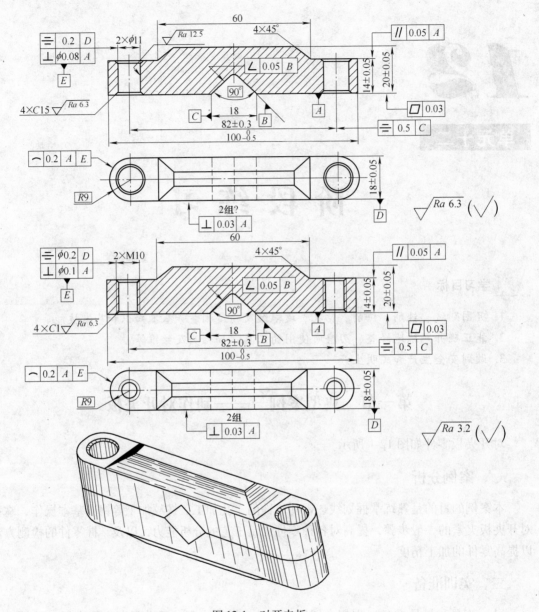

图 12-1　对开夹板

6）锯、锉 90°角工作面，达到图样要求。

7）划两孔位的十字中心线及检查圆线（或检查方框线），按划线钻 $2 \times \phi 11$mm 孔，达到（82 ± 0.3）mm 的加工要求，并将孔口倒角 $C1$。

8）锉两端 $R9$mm 圆弧面，并用 $R9$mm 圆弧样板和塞尺进行检查。

9）将砂布垫在锉刀下，把全部锉削面打光。

10）用同样的方法加工另一件。两螺纹孔用 $\phi 8.5$mm 的钻头钻底孔，孔口倒角 $C1.5$，然后攻 M10 螺纹。

11）工件用 M10 螺钉连接，作整体检查修整。

12）拆下螺钉，将工件各棱边均匀倒角，清洁各表面，然后将其重新连接好。

四、注意事项

1）钻孔与攻螺纹时，必须保证中心线与基准面垂直，且两孔中心距尺寸正确，确保可装配性。

2）为保证钻孔的中心距准确，两孔位置除按正确划线进行钻孔外，也可在起钻第二孔时，用游标卡尺作检查校正；或者在已钻孔中心线及钻夹头上各装一圆柱销（图12-2），用游标卡尺将已钻孔中心线与钻床主轴轴线的尺寸距离调整至与中心距的尺寸要求一致，然后将工件夹紧，再钻第二个孔。图中的 L_1 为测量尺寸，d_1、d_2 为圆柱销直径，则实际中心距 L 为

$$L = L_1 - \frac{d_1 + d_2}{2}$$

3）钻孔划线时，两孔的位置必须与中间两直角面的中心线对称，以保证装配连接后，其上的直角面不产生错位现象。

4）锉削两端圆弧面时，两件可以单独加工；也可留些余量，最后把两件用螺钉连接后作一次整体修整，使圆弧一致，总长相等。

5）做到各平面所交外棱角倒角均匀、内棱清晰无重棱、表面光洁、纹理整齐。

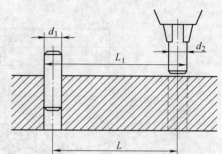

图 12-2　用测量法控制钻孔中心距

五、评分标准（表 12-1）

表 12-1　对开夹板评分标准

序号	评 分 项 目	配分	评 分 标 准	交检记录	得分
1	(20 ± 0.05) mm	6 (3×2)	每超一处扣 3 分		
2	(18 ± 0.05) mm	6 (3×2)	每超一处扣 3 分		
3	(14 ± 0.05) mm	6 (3×2)	每超一处扣 3 分		
4	// 0.05 A	4 (2×2)	每超一处扣 2 分		
5	(82 ± 0.3) mm	16 (8×2)	每超一处扣 8 分		
6	═ 0.2 D	12 (3×4)	每超一处扣 3 分		
7	∠ 0.05 B	6 (3×2)	每超一处扣 3 分		
8	▱ 0.03	12 (6×2)	每超一处扣 6 分		
9	⊥ $\phi 0.08$ A	12 (3×4)	每超一处扣 3 分		
10	⌒ 0.2 A E	12 (3×4)	每超一处扣 3 分		
11	═ 0.5 C	8 (4×2)	每超一处扣 4 分		
12	倒角均匀，各棱线清晰	扣分	每一棱线不合要求扣 1 分		
13	表面粗糙度 $Ra \leqslant 3.2 \mu m$，纹理齐正	扣分	每一面不合要求扣 1 分		
14	安全文明生产	扣分	违反规定者每次扣 2 分		
15	考核时间 21h		每超额 1h 扣 5 分		
姓名		班级		总分	

第二节 典型案例二——制作錾口锤子

錾口锤子零件图如图 12-3 所示。

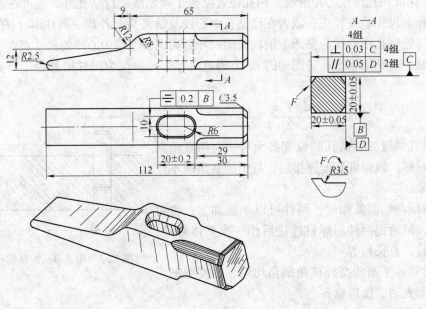

图 12-3 錾口锤子

一、案例分析

通过加工錾口锤子的复合型练习，进一步巩固钳工基本操作技能，熟练掌握锉削腰形孔及连接圆弧面的方法，达到连接圆滑、位置及尺寸正确等要求；提高推锉技能，达到纹理整齐、表面光洁的要求。同时，提高对各种零件加工工艺的分析能力，正确应用各种检测方法，并养成良好的文明生产习惯。

二、实训准备

（1）工具和量具准备 划规、划针、样冲、游标卡尺、千分尺、金属直尺、手锯、锉刀（包括整形锉、异形锉）、钻头及丝锥等。

（2）备料 毛坯材料为 45 钢，尺寸为 115mm × 22mm × 22mm，每人一副。

三、操作步骤

1）检查来料尺寸。

2）按图样锉出断面为 20mm × 20mm 的长方体，留精加工余量 0.3 ~ 0.5mm，然后用细平锉锉削。要求各垂直面间的垂直度误差在 0.03mm 以内，各平行面间的平行度误差在 0.05mm 以内，表面粗糙度值 Ra 为 3.2μm。

3）以长平面为基准锉削一端面，达到基本垂直，表面粗糙度 Ra 为 3.2μm。

4）以一长平面和端面为基准，用錾口锤子样板同时在两面划出形体加工线，并按图样

尺寸划出四处 $C3.5$ 倒角的加工线。

5）锉削四处 $R3.5$mm 圆弧达到要求。应先用圆锉在距端面 29mm 处粗锉出 $R3.5$mm 圆弧，然后分别用粗、细平锉锉削斜面，再用圆锉精加工 $R3.5$mm 圆弧，最后用推锉法修整各面，并用砂布打光。

6）按图划出腰形孔的加工线、钻孔中心线及检查线。

7）用 $\phi 9.8$mm 的钻头按划线钻出两孔。

8）用圆锉锉通两孔，然后用小平锉按图样要求锉好腰形孔。

9）按加工线用手锯锯去多余部分（留锉削余量）。

10）用半圆锉按加工线粗锉 $R12$mm 内圆弧面，用粗平锉锉削斜面与 $R8$mm 圆弧面至加工线；然后用细平锉精锉斜面，用半圆锉精锉 $R12$mm 内圆弧面，用细平锉精锉 $R8$mm 圆弧面；最后用细平锉作推锉修整，达到各形面连接圆滑、纹理齐正的要求。

11）锉削 $R2.5$mm 圆弧，并保证工件总长为 112mm。

12）八角形端部棱边倒角 $C3.5$。

13）用砂布将各加工面全部打光，交件待检。

14）工件检验合格后，将腰形孔各面倒出 1mm 弧形喇叭口，八角形端部修锉成稍带凸弧形面，然后将工件两端热处理淬硬。

四、注意事项

1）用 $\phi 9.8$mm 钻头钻孔时，要求钻孔位置正确，孔径无明显扩大，以免造成加工余量不足，而影响腰形孔的正确加工。

2）锉削腰孔时，应先锉削两侧平面，后锉削两端圆弧面。锉平面时要注意控制好锉刀的横向移动，防止锉坏两端孔面。

3）加工四周 $R3.5$mm 内圆弧时，横向要锉准锉光，这样再推光就比较容易，且圆弧夹角处也不容易塌角。

4）加工 $R12$mm 与 $R8$mm 内、外圆弧面时，横向必须平直，并与侧平面垂直。这样才能使弧形面连接正确、外形美观。

五、评分标准（表 12-2）

表 12-2　錾口锤子评分标准

序号	评分项目	配分	评分标准	交检记录	得分
1	(20 ± 0.05) mm	8 (4×2)	超差全扣		
2	// 0.05 A	6 (3×2)	超差全扣		
3	⊥ 0.03 C	12 (3×4)	超差全扣		
4	$C3.5$	12 (3×4)	超差全扣		
5	$R3.5$mm	12 (3×4)	连接圆滑，尖端无塌角		
6	$R12$mm 与 $R8$mm 圆弧面	14	连接圆滑		
7	舌部斜面直线度 0.03mm	10	超差全扣		
8	(20 ± 0.2) mm	10	超差全扣		

（续）

序号	评分项目	配分	评分标准	交检记录	得分
9	$\equiv$ 0.2 B	8	超差全扣		
10	$R2.5$mm 圆弧面	8	不圆滑全扣		
11	倒角均匀、各棱线清晰	扣分	每一棱线不合要求扣1分		
12	表面粗糙度 $Ra \leqslant 3.2\mu m$，纹理齐正	扣分	每一面不合要求扣1分		
13	安全文明生产	扣分	违反规定者每次扣2分		
14	考核时间16h	扣分	每超额1h扣5分		
姓名		班级		总分	

第三节　典型案例三——制作 V 形铁

V 形铁零件如图 12-4 所示。

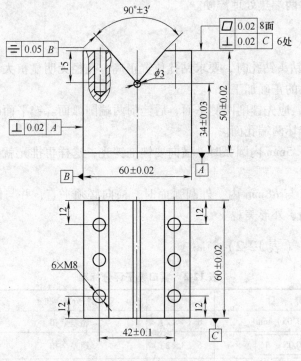

图 12-4　V 形铁

一、案例分析

V 形铁的尺寸精度、几何精度要求较高，特别是 V 形铁的后道工序是研磨，其加工精度将直接影响到研磨质量。因此，熟练掌握划线、锯削、锉削、孔加工、螺纹加工等钳工基本操作技能，提高测量的正确性和加工精度是本案例的重点。

二、实训准备

（1）工具和量具准备 锉刀（包括整形锉、异形锉）、划线工具、手锯、钻头、丝锥、铰杠、铜丝刷、游标万能角度尺、正弦规、刀口形直尺、千分尺、百分表、量块（83块）等。

（2）备料 毛坯材料为45钢，尺寸为51mm×61mm×61mm，每人一副。

三、操作步骤

1）检查来料尺寸。

2）按图样加工基准面 A、B、C，使 $A \perp B \perp C$，并保证垂直度0.02mm、平行度0.02mm、表面粗糙度 $Ra3.2\mu m$ 的要求。

3）加工工件外形，达到（60±0.02）mm×（60±0.02）mm×（50±0.02）mm，并保证几何公差达到要求。

4）以 A 面、B 面、C 面为基准，划出 V 形槽的加工线、孔加工线及钻孔检查线。

5）钻 ϕ3mm 工艺孔，锯削 V 形槽，留一定的加工余量。粗、精锉 V 形面，保证90°±3′及尺寸公差、几何公差达到要求。

6）钻 $6 \times \phi$6.7mm 螺纹底孔，攻螺纹 M8，螺纹深度为15mm，保证位置精度及螺纹精度。

7）去毛刺，检查精度。

四、注意事项

1）锉削 V 形面时，应注意对90°角的控制，特别是要正确进行对称度的测量（用正弦规）。

2）钻孔前，螺纹底孔直径及深度尺寸要计算准确，然后钻孔、攻螺纹，保证螺纹正确。

3）攻不通孔时，丝锥要经常退出排屑，以防止切屑堵塞而造成螺纹乱牙及丝锥折断。

五、评分标准（表12-3）

表12-3 V形铁评分标准

序号	评分项目	配分	评分标准	交检记录	得分
1	（60±0.02）mm	10（5×2）	每超差一处扣5分		
2	（50±0.02）mm	6	超差全扣		
3	（34±0.03）mm	8	超差全扣		
4	90°±3′	6	超差全扣		
5	▱ 0.02	16（2×8）	每超差一处扣2分		
6	⊥ 0.02 C	12（2×6）	每超差一处扣2分		
7	⊥ 0.02 A	5	超差全扣		

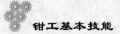

（续）

序号	评分项目	配分	评分标准	交检记录	得分
8	⟂ 0.05 B	8	超差全扣		
9	M8	12（2×6）	每超差一处扣2分		
10	(42±0.1) mm	9（3×3）	每超差一处扣3分		
11	$Ra3.2\mu m$	8（1×8）	每超差一处扣1分		
12	安全文明生产	扣分	违反规定者每次扣2分，严重者扣5~10分		
13	考核时间6h	扣分	每超额1h扣5分		
姓名		班级		总分	

13

单元十三

矫正与弯形

 学习目标

1. 掌握矫正与弯形的基本概念。
2. 掌握薄板料在加工时的装夹方法。
3. 能在平板上对薄板料进行矫正。
4. 能应用弯形工具对工件进行弯形，并能达到图样规定的要求。

第一节 矫正与弯形基础知识

一、矫正

消除金属材料或工件不平、不直或翘曲等缺陷的加工方法称为矫正，如图 13-1 所示。矫正可在机器上进行，也可手工进行。检修钳工通常采用手工矫正方法，在平台、铁砧或台虎钳上进行操作。

金属材料的变形有两种情况，即弹性变形和塑性变形。矫正操作适用于塑性好的材料，而塑性差、脆性大的材料则不宜进行矫正，如铸铁、淬火钢等，因为这些工件在矫正时易发生碎裂。

矫正的实质是让金属材料产生新的塑性变形，来消除原来不应存在的塑性变形。矫正后的金属材料表面硬度提高、性质变脆，这种现象称为冷作硬化。冷作硬化给继续矫正或下道工序的加工带来了困难，必要时应进行退火处理，以恢复材料原来的力学性能。

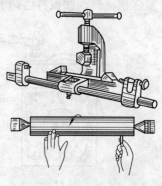

图 13-1 矫正

1. 手工矫正工具

（1）平板和铁砧 平板、铁砧及台虎钳等都可以作为矫正板材、型材或工件的基座。

（2）锤子 矫正一般材料时可使用钳工锤；矫正已加工表面、薄钢件或非铁金属制件

时，应使用铜锤、木锤或橡胶锤等软锤。图 13-2 所示为用木锤矫正板料的情形。

（3）抽条和拍板　抽条是用条状薄板料弯成的简易手工工具，用于抽打较大面积的板料，如图 13-3 所示。拍板是用质地较硬的檀木制成的专用工具，用于敲打板料。

图 13-2　用木锤矫正板料

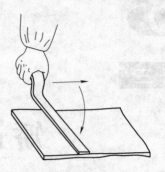

图 13-3　用抽条抽板料

（4）螺旋压力工具　螺旋压力工具适于矫正较大的轴类工件或棒料，如图 13-1 所示。

2. 矫正方法

（1）延展法　延展法主要用于金属板料及角钢的凸起、翘曲等变形的矫正。板料中间凸起，是由变形后中间材料变薄引起的。矫正时可锤击板料边缘，使边缘材料延展变薄，厚度与凸起部位的厚度越趋近则越平整。锤击时，应按图 13-4a 中箭头所示的方向进行，由外向内锤击力度逐渐由重到轻，锤击点由密到稀。如果板料表面有相邻几处凸起，则应先在凸起的交界处轻轻锤击，使几处凸起合并成一处，然后锤击四周来矫平。如果直接锤击凸起部位，则会使凸起的部位变得更薄，这样不但达不到矫平的目的，反而会使凸起更为严重，如图 13-4b 所示。

如果板料有几处凸起，应先锤击凸起的交界处，使所有分散的凸起部分聚集成一个总的凸起部分，然后锤击四周来矫平。如图 13-5 所示，如果板料四周呈波浪形而中间平整，则说明板料四边变薄而伸长了。矫平时，可由四周向中间锤打，锤击点密度逐渐变大，经过反复多次锤打，使板料达到平整。

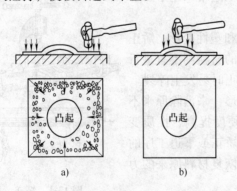

图 13-4　中凸板料的矫正
a）正确　b）错误

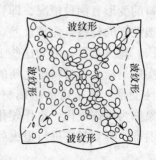

图 13-5　四周呈波纹形板料的矫平

如果薄板有微小的扭曲，可用抽条从左到右按顺序抽打平面，因抽条与板料的接触面积较大，受力均匀，故容易达到平整。

对于厚度很薄而很软的铜箔类材料，可用平整的木块在平板上推压材料的表面，使其达到平整。当一些装饰面板之类的铜、铝制品不允许有锤击印痕时，可用木锤或橡皮锤锤击。

（2）弯形法　弯形法主要用来矫正各种轴类、棒类工件或型材的弯曲变形。一般可用台虎钳在靠近弯曲处进行夹持，用活动扳手把弯曲部分扳直（13-6a）；或者用台虎钳将弯曲部分夹持在钳口内，利用台虎钳将其初步压直（图13-6b），再放在平板上用锤子矫直（13-6c）。直径大的棒料和厚度尺寸大的条料，常采用压力机矫直。

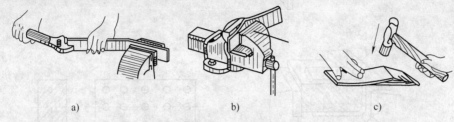

a)　　　　　　　　　　b)　　　　　　　　　　c)

图 13-6　弯形法

（3）扭转法　扭转法用于矫正条料的扭曲变形，如图13-7所示。

（4）伸张法　伸张法用来矫正各种细长线材的卷曲变形，如图13-8所示。

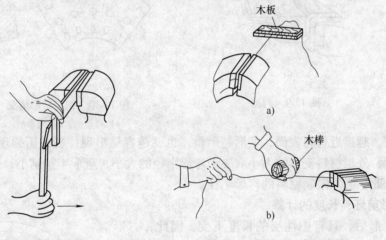

图 13-7　扭转法　　　　　图 13-8　伸张法矫直长线材

3. 矫正时的安全知识

1）矫正时要看准变形的部位，分层次进行矫正，不可矫反。

2）对已加工工件进行矫正时，要注意保持工件的表面质量，不能有明显的锤击痕迹。

3）矫正时，不能超过材料的变形极限。

二、弯形

将毛坯（如板料、条料或管子等）弯成所需要形状的加工方法称为弯形。图13-9所示为直角形工件的弯形过程。

弯形是通过使材料产生塑性变形来实现的，弯形后外层材料伸长，内层材料缩短，中间有一层材料既不伸长也不缩短，这层称为中性层。弯形部分的材料虽然产生了拉伸和压缩，但其截面积保持不变，如图13-10所示。

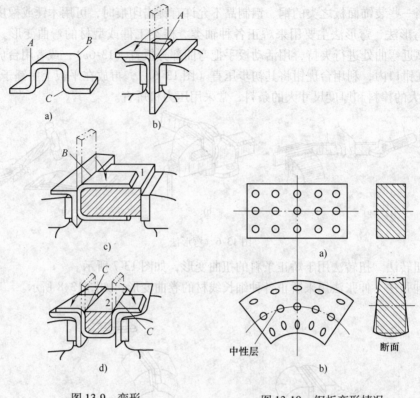

图 13-9　弯形

图 13-10　钢板弯形情况

a）弯形前　b）弯形后

弯形时，越接近材料表面，变形越严重，也就越容易出现拉裂或压裂现象。同种材料，相同的厚度，外层材料变形的大小取决于弯形半径的大小，弯形半径越小，外层材料的变形越严重。为此，必须限制材料的弯形半径。

1. 弯形前坯料长度的计算

坯料弯形后，只有中性层的长度不变，因此，弯形前坯料长度可按中性层的长度进行计算。但材料弯形后，中性层一般并不在材料的正中，而是偏向内层材料一边。实验证明，中性层的实际位置与材料的弯形半径 r 和材料的厚度 t 有关。图 13-11 所示为弯形时中性层的位置。

表 13-1 为中性层位置系数 x_0 的值。从表中 r/t 的比值可以看出，当弯形半径 $r \geqslant 16t$ 时，中性层在材料的中间（即中性层与几何中心重合）。在一般情况下，为简化计算，当 $r/t \geqslant 8$ 时，可取 $x_0 = 0.5$。

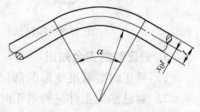

图 13-11　弯形时中性层的位置

表 13-1　弯形时中性层位置系数 x_0

$\dfrac{r}{t}$	0.25	0.5	0.8	1	2	3	4
x_0	0.2	0.25	0.3	0.35	0.37	0.4	0.41
$\dfrac{r}{t}$	5	6	7	8	10	12	14	$\geqslant 16$
x_0	0.43	0.44	0.45	0.46	0.47	0.48	0.49	0.5

圆弧部分中性层长度的计算公式为

$$A = (r + x_0 t) \frac{\alpha}{180°}$$

式中　A——圆弧部分中性层长度（mm）；

　　　r——内弯形半径（mm）；

　　　x_0——中性层位置系数；

　　　t——材料厚度（mm）；

　　　α——弯形角（°）。

　　将内面弯形成不带圆弧的直角制件时，其弯形部分可按弯形前后毛坯体积不变的原理进行计算，一般采用经验公式 $A = 0.5t$。

　　图 13-12 所示为常见的弯形形式。

2. 弯形方法

　　弯形方法有冷弯和热弯两种。在常温下进行的弯形称为冷弯；当弯形材料的厚度大于 5mm 及弯形直径较大的棒料和管料工件时，常需要将工件加热后再弯形，这种方法称为热弯。弯形虽然是塑性变形，但也有弹性变形存在，为抵消材料的弹性变形，弯形过程中应多弯些。

　　（1）板料弯形

　　1）板料在厚度方向上的弯形。小的工件可在台虎钳上进行，先在弯形的地方划好线，然后将工件夹在台虎钳上，使弯形线和钳口平齐，在接近划线处锤击，或者用木垫与铁垫垫住再敲击垫块，如图 13-13a、b 所示。如果台虎钳的钳口比工件短，可用角铁制作的夹具来夹持工件，如图 13-13c 所示。

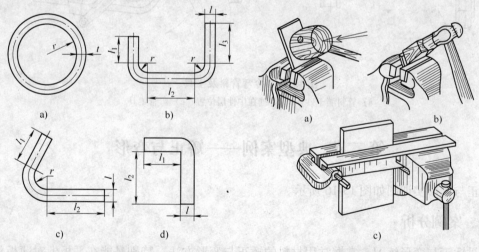

图 13-12　常见的弯形形式　　　　图 13-13　板料在厚度方向上的弯形

a)、b)、c) 内边带圆弧　d) 内边不带圆弧　　a) 用木锤弯形　b) 用钢锤弯形　c) 长板料弯形

　　2）板料在宽度方向上的弯形。可利用金属材料的延伸性能，在弯形的外弯部分进行锤击，使材料向一个方向逐渐延伸，达到弯形的目的，如图 13-14a 所示。较窄的板料可在 V 形铁或特制弯形模上用锤击法使工件弯形，如图 13-14b 所示。另外，还可以在简单的弯形工具上弯形，如图 13-14c 所示。弯形工具由底板、转盘和手柄等组成，在两只转盘的圆周

上都有按工件厚度车制的槽，固定转盘的直径与弯形圆弧的直径一致。使用时，将工件插入两转盘槽内，然后移动活动转盘使工件达到所要求的弯形形状。

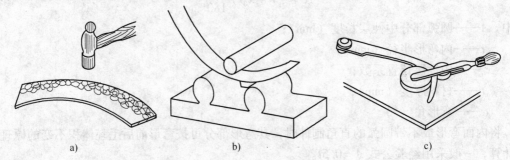

图 13-14　板料在宽度方向上的弯形

a）锤击延伸弯形　b）在特制弯形模上弯形　c）弯形工具弯形

（2）管子弯形　管子直径在 12mm 以下时可以用冷弯弯形，直径大于 12mm 时应采用热弯弯形。管子弯形的临界半径必须是管子直径的 4 倍以上。管子直径在 10mm 以上时，为防止管子弯瘪，必须在管内灌满、灌实干沙，两端用木塞塞紧，将焊缝置于中性层的位置上进行弯形。否则易使焊缝开裂，如图 13-15a、b 所示。冷弯管子一般在弯管工具上进行，如图 13-15c 所示。

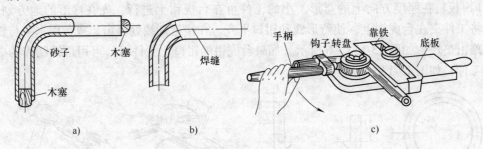

图 13-15　冷弯管料及工具

a）管料灌干砂　b）焊缝在中性层位置　c）弯管工具

第二节　典型案例——矫正与弯形

矫正与弯形实训图如图 13-16 所示。

一、案例分析

通过矫正与弯形练习，掌握常用材料的矫正与弯形方法，特别是能在平板上对薄板料进行矫正；能根据图样对弯形坯料的长度进行计算，并能用弯形工具对工件进行正确的弯形，达到图样要求。

二、实训准备

（1）工具和量具准备　常用锉、手锯、软硬锤子、平板、划线工具、衬垫、扳手、游标卡尺、金属直尺和高度划线尺等。

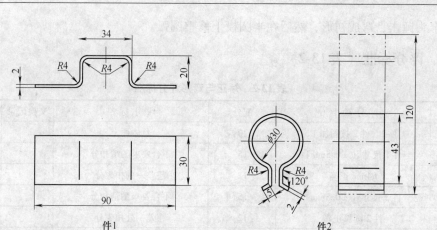

件1　　　　　　　　　　件2

图 13-16　矫正与弯形实训图

（2）备料　材料为 Q235 钢，尺寸为 65mm×120mm×2mm。

三、操作步骤

1）检查备料，确定落料尺寸。

2）件 1、件 2 按图样下料并锉外形尺寸，注意宽度 30mm 处应留有 0.5mm 加工余量，然后按图样划线。

3）先将件 1 按划线夹入角铁衬内弯 A 角，如图 13-17a 所示；再用衬垫①弯 B 角，如图 13-17b 所示；最后用衬垫②弯 C 角，如图 13-17c 所示。操作结果如图 13-17d 所示。

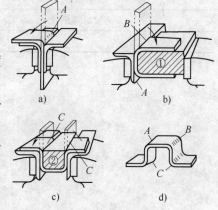

图 13-17　弯件 1 的顺序

4）用衬垫将件 2 夹在台虎钳内，将两端的 A、B 处弯好，如图 13-18a 所示；然后在圆钢上弯件 2 的圆，如图 13-18b 所示。操作结果如图 13-18c 所示。

5）对件 1、件 2 的 30mm 宽度进行锤击矫平，锉修 30mm 宽度尺寸。

6）检查，对各边进行倒角或倒棱。

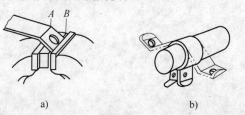

图 13-18　弯件 2 的顺序

四、注意事项

1）制件 1 时，应先做一个与工件形状尺寸相当的模具，再按弯直角形的方法进行弯形。

2）制件 2 时，应先在材料上划好弯曲线，按线将其夹在台虎钳的两块角铁衬垫里，用锤子的窄头锤击，弯成初形，然后在半圆模上修整圆弧。

五、评分标准（表13-2）

表13-2　矫正与弯形评分标准

序号	评分项目	配分	评分标准	交检记录	得分
1	件1、件2按图加工	20	总体评定		
2	件1尺寸（±0.5mm）	15	不合要求酌情扣分		
3	R4mm正确	12	超差一处扣3分		
4	件2尺寸（±0.5mm）	15	不合要求酌情扣分		
5	件2圆弧正确	12	超差一处扣3分		
6	件2角度正确	12	超差一处扣5分		
7	工件无伤痕	14	总体评定		
8	安全文明生产	扣分	违反规定者每次扣2分，严重者扣5~10分		
9	考试时间6h	扣分	每超1h扣5分		
姓名		班级		总分	

单元十四

刮　　削

学习目标

1. 了解刮削的使用场合。
2. 掌握刮削的基础知识。
3. 掌握刮刀的选用方法和工件的装夹方法。
4. 掌握刮削的姿势及方法。

第一节　刮削基础知识

利用刮刀刮去工件表面金属薄层的加工方法称为刮削，如图 14-1 所示。

钳工在对磨损后的标准平板进行修复时，可采用刮削的方法使其恢复精度。刮削可分为平面刮削和曲面刮削两种，平面刮削有单个平面刮削（如平板、工作台面等）和组合平面刮削（如 V 形导轨面、燕尾槽面等），曲面刮削有内圆柱面刮削、内圆锥面刮削和球面刮削等。

一、刮削工具

刮削工具主要有刮刀、校准工具和显示剂等。

1. 刮刀

刮刀是刮削的主要工具，有平面刮刀和曲面刮刀两类。

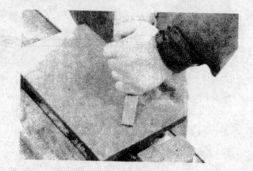

图 14-1　刮削

（1）平面刮刀　平面刮刀用于刮削平面和刮花，一般用 T12A 钢制成。当工件表面较硬时，也可以焊接高速工具钢或硬质合金刀头，如图 14-2 所示。刮刀头部的形状和角度如图 14-3 所示。

（2）曲面刮刀　曲面刮刀用于刮削内曲面，常用的有三角刮刀、柳叶刮刀和蛇头刮刀，如图 14-4 所示。

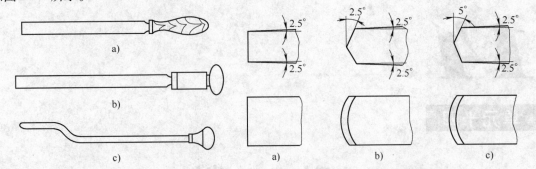

图 14-2　平面刮刀

　　a）、b）直头刮刀　c）弯头刮刀

图 14-3　刮刀头部的形状和角度

a）粗刮刀　b）细刮刀　c）精刮刀

2. 校准工具

　　校准工具是用来研点和检查被刮面准确性的工具，也称研具。常用的校准工具有校准平板、校准直尺、角度直尺及根据被刮面形状设计制造的专用校准型板等，如图 14-5、图 14-6 和图 14-7 所示。

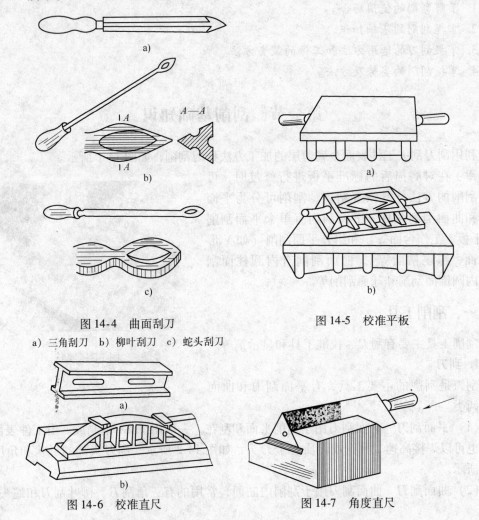

图 14-4　曲面刮刀

a）三角刮刀　b）柳叶刮刀　c）蛇头刮刀

图 14-5　校准平板

图 14-6　校准直尺

图 14-7　角度直尺

3. 显示剂

工件和校准工具对研时所加的涂料称为显示剂，其作用是显示工件误差的位置和大小。

（1）显示剂的种类　常用显示剂的种类及应用见表14-1。

表14-1　常用显示剂的种类及应用

种　类	成　分	应　用
红丹粉	由氧化铅或氧化铁用全损耗系统用油调和而成，前者呈橘红色，后者呈红褐色，颗粒较细	广泛用于钢和铸铁工件
蓝油	用蓝粉和蓖麻油及适量全损耗系统用油调和而成	多用于精密工件和非铁金属及其合金的工件

（2）显示剂的用法　显示剂的用法见表14-2。

表14-2　显示剂的用法

类　别	显示剂的选用	显示剂的涂抹	显示剂的调和
粗刮	红丹粉	涂在研具上	调稀
精刮	蓝油	涂在工件上	调干

（3）显点方法　显点方法应根据形状的不同和刮削面积的大小而有所区别。平面与曲面的显点方法如图14-8所示。

a)　　　　　　　　　　　　　　　　　　　b)

图14-8　平面与曲面的显点方法

a）平面显点法　b）曲面显点法

1）中、小型工件的显点。一般是校准平板固定不动，工件被刮面在平板上推研。推研时压力要均匀，避免显示失真。如果工件被刮面小于平板面，则推研时最好不超出平板；如果被刮面等于或稍大于平板面，则允许工件超出平板，但超出部分应小于工件长度的1/3，如图14-9所示。推研应在整个平板上进行，以防止平板局部磨损。

2）大型工件的显点。将工件固定，平板在工件的被刮面上推研。推研时，平板超出工件被刮面的长度应小于平板长度的1/5。对于面积大、刚性差的工件，平板的质量应尽可能减小，必要时还要采取卸荷推研。

3）形状不对称工件的显点。对于形状不对称的工件，推研时应在工件的某个部位托或压，如图14-10所示，但用力的大小要适当、均匀。显点时还应注意，如果两次显点有矛盾，则应分析原因，认真检查推研方法并小心处理。

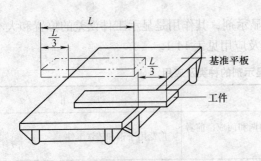

图 14-9　工件在平板上的显点

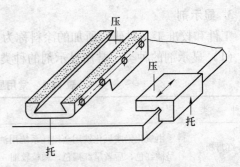

图 14-10　形状不对称工件的显点

二、刮削操作步骤

1. 平面刮削的姿势

刮削前首先要熟悉和掌握刮削操作的姿势，常用的平面刮削姿势有两种：挺刮法和手刮法。

（1）挺刮法　挺刮法的动作要领如图 14-11 所示。将刮刀柄顶在小腹右下侧肌肉外，双手握住刀身，左手距切削刃 80mm 左右。刮削时，利用腿和臀部的力量将刮刀向前推进，双手对刮刀施加压力。在刮刀向前推进的瞬间，用右手引导刮刀前进的方向，随之左手立即将刮刀提起。这时刮刀便在工件表面上刮去一层金属，完成了挺刮的动作。

挺刮法的特点是使用全身的力量协调动作，用力大，每刀刮削量大，所以适用于大余量的刮削。其缺点是身体总处于弯曲状态，容易疲劳。

（2）手刮法　手刮法的动作要领如图 14-12 所示。右手如握锉刀柄姿势，左手四指向下弯曲握住刀身，距切削刃处 50mm 左右，使刮刀与刮削面成 25°～30°。同时，左脚向前跨一步，身子略向前倾，以增加左手的压力，也便于看清刮刀前面的研点情况。刮削时，利用右臂和上身的摆动向前推动刮刀，左手下压，同时引导刮刀方向；左手随着研点被刮削的同时，依刮刀的反弹迅速提起刀头，刀头提起高度为 5～10mm，完成一个手刮动作。

图 14-11　挺刮法

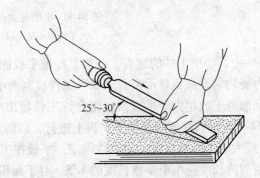

25°～30°

图 14-12　手刮法

这种刮削方法动作灵活、适应性强，可用于各种位置的刮削，对刮刀长度的要求不太严格。但手刮法的推、压和提起动作，都是靠两手臂的力量来完成的，因此要求操作者有较大的臂力。刮削面积大的工件时一般都采用挺刮法刮削。

综上所述，挺刮的刮削量大，手刮的灵活性大。可根据工件刮削面的大小和高低情况采用某种刮法或两种方法混合使用，来完成刮削。

2. 平面刮削的步骤

平面刮削一般要经过粗刮、细刮、精刮和刮花等过程，其刮削要求见表14-3。

表14-3 平面刮削的步骤及要求

类别	目 的	方 法	研点数/(25mm×25mm)
粗刮	用粗刮刀在刮削面上均匀地铲去一层较厚的金属。目的是去余量、去锈斑、去刀痕	连续推铲法，刀迹要连成长片	2~3点
细刮	用细刮刀在刮削面上刮去稀疏的大块研点（俗称破点），以进一步改善不平现象	短刮法，刀痕宽而短。随着研点的增多，刀迹逐步缩短	12~15点
精刮	用精刮刀更仔细地刮削研点（俗称摘点），以增加研点，改善表面质量，使刮削面符合精度要求	点刮法，刀迹长度约为5mm刮面越窄小，精度要求越高，刀迹越短	大于20点
刮花	在刮削面或机器外观表面上刮出装饰性花纹，既使刮削面美观，又改善了润滑条件。刮花花纹如图14-13所示	—	—

注：细刮及精刮时，每刮一遍，均需同向刮削（一般要与平面的边成一定角度）；刮第二遍时应交叉刮削，以清除原方向的刀迹。

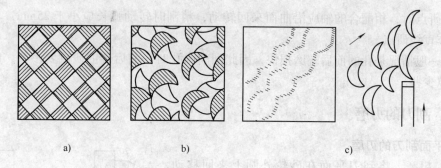

a)   b)   c)

图14-13 刮花花纹
a) 斜纹花 b) 鱼鳞花 c) 半月花

3. 曲面刮削的方法

曲面刮削的原理和平面刮削相同，但刮削内曲面时，刀具所作的运动是螺旋运动。用标准轴或配合的轴做内曲面研磨显点工具，研磨时，将显示剂均匀地涂在轴面上，使轴在轴孔中来回旋转，研点即可显示出来，如图14-14a所示，然后即可针对高点进行刮削。

（1）曲面刮削的方法 曲面刮削的方法有两种：短杆握刀法和长杆握刀法。短杆握刀法如图14-14b所示，右手握住刀柄，左手手掌向下用四指横握刀杆。刮削时右手作半圆转动，左手顺着曲面的方向拉动或推动刀杆（图中箭头所示方向），与此同时，刮刀在轴向还要移动一些（即刮刀作螺旋运动）。长杆握刀法如图14-14c所示，将刀杆放在右手臂上，双手握住刀身。刮削时的动作与短杆握刀法相同。

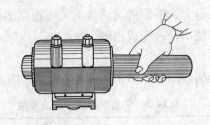

a)

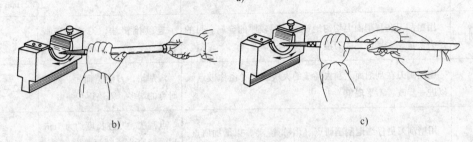

b)   c)

图 14-14　曲面刮削

a）用轴做曲面研磨显点工具　b）短杆握刀法　c）长杆握刀法

（2）曲面刮削注意事项

1）刮削时用力不可太大，以不发生抖动、不产生振痕为宜。

2）交叉刮削时，刀痕与曲面内孔中心线约成45°，以防止刮面产生波纹及研点变为条状。

3）研点时，相配合的轴应沿曲面来回转动，精刮时转动弧长应小于25mm，切忌沿轴线方向作直线研点。

4）一般情况是孔的前后端磨损快，因此刮削内孔时，前后端的研点要多些，中间段的研点可以少些。

三、刮刀的刃磨

1. 平面刮刀的刃磨

（1）粗磨　将刮刀平面在砂轮外圆上来回移动，去掉刮刀平面上的氧化皮。然后将刮刀平面贴在砂轮侧面磨平，注意控制刮刀的厚度和两平面的平行度，厚度应控制在1.5～4mm，目测时在全长上应看不出明显的厚薄差异。接着将刮刀顶端放在砂轮外缘上平稳地左右移动进行刃磨，使顶端与刀身轴线垂直即可，如图14-15所示。

（2）热处理　刮刀作为一种切削工具，要求刃部有较高的硬度，因此除合理地选用材料外，还要对其进行淬硬处理。

将粗磨好的刮刀头部（长度约为25mm）放入炉中缓慢加热到780～800℃（呈樱桃红色），然后取出，迅

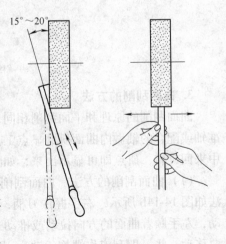

图 14-15　粗磨刮刀

速放入冷水中冷却（浸入深度约为 8 ~ 16mm）。刮刀应在水中缓慢移动和间断地作少许上下移动，这样可使淬硬与不淬硬的界线处不发生断裂。当露出水面的部分颜色呈黑色时，即可将刮刀全部浸入水中冷却，直至常温取出，刮刀硬度可达到 60HRC。

（3）细磨　在细砂轮上粗磨时，刮刀的形状和几何角度须达到要求。刃磨时，要常蘸水冷却，以防刃口退火。

（4）精磨　精磨刮刀时，首先在油石上加注润滑油，使刀身平贴在油石上，按箭头方向（图 14-16a）前后移动，直到将平面刃磨得平整光洁、无砂轮磨痕为止。如图 14-16b 所示的刃磨方法是错误的，这样会将平面磨成弧面，切削刃部也不锋利。刃磨顶部的操作方法如图 14-16c 所示，用右手握住刀身前端，左手握刀柄，使刮刀刀身中心线与油石平面基本垂直，略向前倾斜。右手握紧刮刀，左手扶正，在油石上往复移动的距离约为 75mm。刃磨时，右手握紧刮刀用力向前推进，拉回时，刀身可略提起一些，以免磨损刀刃。图 14-16d 所示的刃磨方法是两手紧握刮刀，向后拉时刃磨切削刃，前移时提起刮刀，这种方法初学者容易掌握，但刃磨速度较慢。

2. 曲面刮刀的刃磨

（1）三角刮刀的刃磨　三角刮刀广泛使用标准化的成品刮刀，所以无需进行粗磨，只进行精磨即可。精磨的方法如图 14-17 所示，用右手握持刮刀柄，左手轻压刀头部分，使两切削刃顺油石的长度方向推移，依切削刃的弧面进行摆动，直至切削刃锋利、表面光洁为止。

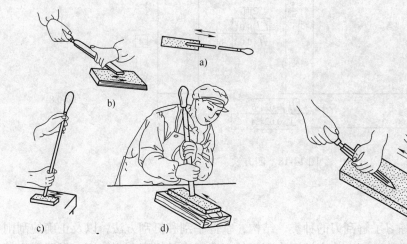

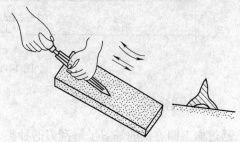

图 14-16　精磨刮刀　　　　　　　　　图 14-17　三角刮刀的精磨

（2）蛇头刮刀的刃磨　蛇头刮刀两平面的刃磨与平面刮刀相同，而刀头两侧圆弧面的刃磨方法与三角刮刀的刃磨方法基本相同。

3. 使用油石的注意事项

油石对刮刀刃口起着磨锐与磨光的作用。油石如不平直时，可将其夹在平口钳上，用平面磨床磨平；另一种方法是将油石在一般砂轮上大致磨平，然后涂上金刚砂和水在平板上进行研磨，这种方法虽然慢，但经济实用。

对油石的使用与保养要求如下：

1）刃磨刮刀时，油石表面必须保持适量的润滑油，否则磨出的刮刀刃口不光滑，油石也易损坏。

2）刃磨时，必须检查油石表面是否平直，同时应尽量利用油石的有效面，使油石磨损均匀。

3）刃磨后，应将污油擦去，如已嵌入铁屑，可用煤油或汽油洗去，如仍无效，可用砂布擦去。油石表面的油层应保持清洁。

4）新油石使用前应放在油中浸泡，用完后应放入盒内或浸入油中。

5）刃磨时，应根据加工件的精度要求，选用适当粒度的油石。

第二节 典型案例——平面刮削

四方铁零件图如图 14-18 所示。

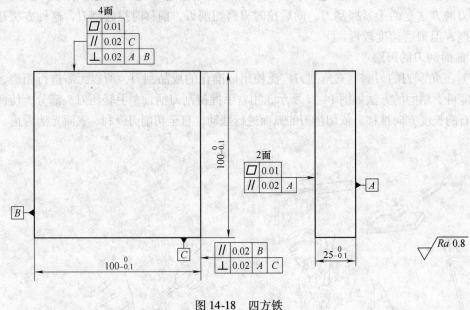

图 14-18 四方铁

一、案例分析

通过加工四方铁的练习了解刮刀的种类、结构，掌握手刮和挺刮方法，以及正确的刮削姿势。同时，应重视刮刀的刃磨、修磨，因为刮刀的正确刃磨是提高刮削速度，保证刮削精度的重要条件。

二、实训准备

（1）工具和量具准备 平面刮刀、细油石、25mm×25mm 检验框、游标卡尺、千分尺、百分表、高度划线尺等。

（2）备料 材料为 HT200，尺寸为 $100^{+0.20}_{+0.15}mm × 100^{+0.20}_{+0.15}mm × 25^{+0.15}_{+0.10}mm$。

三、操作步骤

1）检查备料，确定落料尺寸，各棱边倒角 $C1$。

2）测量来料尺寸和各面的位置误差，以便掌握加工余量，正确地刮削加工。

3）以两大平面之一为基准进行粗、细、精刮，达到平面度要求，即每 25mm×25mm 范围内的研点达到 18 点以上。

4）刮削另一大平面。刮削前先测量其对基准面的平行度误差，确定刮削量，制订刮削方案。在保证平面度的同时，初步粗刮达到平行度和研点数（每 25mm×25mm 范围内的研点达 2~3 点）要求后转入细刮。此时应结合千分尺进行平行度的测量，以作必要的修整。最后进行精刮，使平行度达到 0.02mm，研点数达每 25mm×25mm 内 18 点以上。

5）粗、精刮四个侧面。刮削前先测量各侧面对基准面的垂直度误差，确定刮削量，制订刮削方案。按步骤4）进行刮削，使各项技术指标达到图样要求。

6）全面检查、修整。

四、注意事项

1）正确的刮削姿势是保证刮削质量的关键，也是本案例的重点，必须严格按要求操作。

2）要重视刮刀的修磨，正确刃磨好粗、细、精刮刀是提高刮削速度和保证刮削精度的基本条件。

3）刮削一定要按步骤进行。粗刮是为了取得工件初步的几何精度，一般要刮去较多的金属，所以每刀的刮削量要大，刮削要有力；细刮主要是为了提高刮削表面的光整度和接触点数，所以必须挑点准确，刀迹要细小光整。因此，不要在平板还没达到粗刮要求的情况下，便过早地进入细刮工序，这样会使细刮的加工量增大，不仅会影响刮削速度，也不易把工件刮好。

4）每刮削一面要兼顾到其他各有关面，以保证各项技术指标都达到要求，避免修刮某部位时只注意到平面度而影响到平行度误差和垂直度误差。

5）刮削时，要勤于思考、善于分析，随时掌握工件的实际误差情况，经常调整研点的方法，正确地确定刮削部位，以最少的加工量和刮削时间，达到规定的技术要求。

6）从粗刮到细刮、精刮的过程中，研点的移动距离应逐渐缩短，显示剂涂层应逐渐减薄，使显点真实、清晰。

五、评分标准（表 14-4）

表 14-4　刮削四方铁评分标准

序号	评分项目	配分	评分标准	交检记录	得分
1	$100_{-0.1}^{\ 0}$mm	8	超差全扣		
2	$100_{-0.1}^{\ 0}$mm	8	超差全扣		
3	$25_{-0.1}^{\ 0}$mm	8	超差全扣		
4	⬜ 0.01	18（3×6）	每超差一处扣 3 分		
5	⊥ 0.02 A B	12（3×4）	每超差一处扣 3 分		
6	∥ 0.02 A	12（6×2）	每超差一处扣 6 分		

（续）

序号	评分项目	配分	评分标准	交检记录	得分
7	∥ 0.02 C	12（3×4）	每超差一处扣4分		
8	表面粗糙度 Ra0.8	6（1×6）	每超差一处扣1分		
9	锉纹整齐、倒角均匀	10	酌情		
10	锉削姿势正确	6	酌情		
11	安全文明生产	扣分	违反规定者每次扣2分，严重者扣5~10分		
12	考核时间为4h	扣分	每超1h扣5分		
姓名		班级		总分	

单元十五

研　磨

学习目标

1. 了解研磨的特点及其所使用的工具和材料。
2. 能够正确选用和配制研磨剂。
3. 初步掌握平面的研磨方法，并能研磨出达到一定精度和表面粗糙度值的工件。

第一节　研磨基础知识

用研磨工具（研具）和研磨剂从工件表面磨掉一层极薄的金属，使工件表面获得精确的尺寸、形状和极小的表面粗糙度值的加工方法称为研磨，如图 15-1 所示。研磨可以获得其他方法难以达到的高尺寸精度和形状精度。研磨后的尺寸精度可达到 $0.001 \sim 0.005\,\text{mm}$，表面粗糙度 Ra 为 $0.1 \sim 1.6\,\mu\text{m}$，最小可达 $0.012\,\mu\text{m}$。

一、研磨工具

研磨工具简称研具，它是影响被研磨工件几何形状精度的重要因素。因此，对研具的材料、精度和表面粗糙度都有较高的要求。

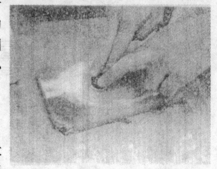

图 15-1　研磨

1. 研具材料

研具材料的硬度应比被研磨工件低，其组织应细致均匀，具有较高的耐磨性和稳定性，并有较好的嵌存磨料的性能等。常用的研磨材料如下。

（1）灰铸铁　灰铸铁具有硬度适中、嵌入性好、价格低、研磨效果好等特点，是一种应用广泛的研磨材料。

（2）球墨铸铁　球墨铸铁的嵌入性比灰铸铁更好，且更加均匀、牢固，常用于精密工件的研磨。

（3）软钢　软钢的韧性较好，不易折断，常用来制作小型工件的研具。

（4）铜　铜较软，其嵌入性好，常用来制作研磨软钢类工件的研具。

2. 研具类型

不同形状的工件需要采用不同形状的研具，常用的研具有研磨平板、研磨环和研磨棒等。

（1）研磨平板　如图 15-2 所示，研磨平板主要用来研磨平面，如量块、精密量具的平面等。其中，有槽的研磨平板用于粗研，光滑的研磨平板用于精研。

（2）研磨环　如图 15-3 所示，研磨环用来研磨轴类工件的外圆表面。

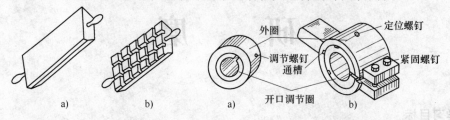

图 15-2　研磨平板　　　　　　图 15-3　研磨环

（3）研磨棒　如图 15-4 所示，研磨棒主要用来研磨套类工件的内孔。研磨棒有固定式和可调式两种，固定式研磨棒制造简单，但磨损后无法补偿，多用于单件工件的研磨；可调式研磨棒的尺寸可在一定的范围内调整，其寿命较长，应用广泛。

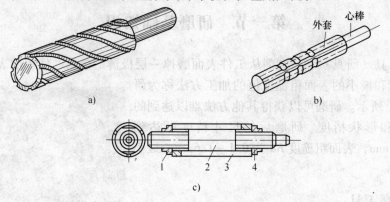

图 15-4　研磨棒
a）、b）固定式　c）可调式
1，4—调整螺母　2—锥度心轴　3—开槽研磨套

二、研磨剂

研磨剂是由磨料和研磨液调合而成的混合剂。

1. 磨料

磨料在研磨中起切削作用，研磨效率、研磨精度都和磨料有密切的关系。常用的磨料一般有以下三类。

（1）氧化物磨料　常用的氧化物磨料有氧化铝（白刚玉）和氧化铬等，有粉状和块状两种。它具有较高的硬度和较好的韧性，主要用于碳素工具钢、合金工具钢、高速工具钢和铸铁工件的研磨，也可用于研磨铜、铝等各种非铁金属。

（2）碳化物磨料 碳化物磨料呈粉状，常见的有碳化硅、碳化硼，它的硬度高于氧化物磨料。除用于一般钢铁制件的研磨外，其主要用来研磨硬质合金、陶瓷和硬铬之类的高硬度工件。

（3）金刚石磨料 金刚石磨料有人造和天然两种。其切削能力、硬度比氧化物磨料和碳化物磨料都高，研磨质量也好。但由于价格昂贵，一般只用于特硬材料的研磨，如硬质合金、硬铬、陶瓷和宝石等高硬度材料的精研磨加工。

2. 研磨液

研磨液在加工过程中起调合磨料、冷却和润滑的作用，它能防止磨料过早失效和减少工件（或研具）的发热变形。常用的研磨液有煤油、汽油、10 号和 20 号机械油、锭子油等。

三、研磨方法

研磨分手工研磨和机械研磨两种。手工研磨时应注意选择合理的运动轨迹，这对提高研磨效率、工件的表面质量和研具的寿命有直接的影响。手工研磨的运动轨迹有直线形、直线摆动形、螺旋线形、8 字形和仿 8 字形等，如图 15-5 所示。

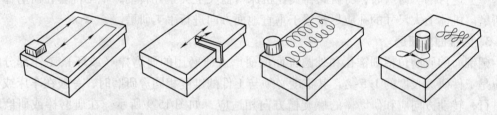

图 15-5 手工研磨的运动轨迹
a）直线形 b）直线摆动形 c）螺旋线形 d）8 字形

1. 平面的研磨

（1）一般平面的研磨 一般平面的研磨方法如图 15-1 所示。工件沿平板全部表面，以 8 字形、螺旋形或螺旋形和直线形运动轨迹相结合进行研磨。

（2）狭窄平面的研磨 狭窄平面的研磨方法如图 15-6 所示，应采用直线形的运动轨迹。为防止研磨平面产生倾斜和圆角，研磨时可用金属块作"导靠"。当研磨工件的数量较多时，可采用 C 形夹，将几个工件夹在一起研磨，既防止了工件加工面的倾斜，又提高了效率。

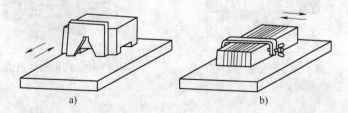

图 15-6 狭窄平面的研磨
a）使用导靠 b）使用 C 形夹

2. 圆柱面的研磨

圆柱面的研磨一般是手工与机器配合进行，圆柱面的研磨分外圆柱面和内圆柱面的研磨。

（1）外圆柱面的研磨　如图15-7所示，研磨外圆柱面一般是在车床或钻床上用研磨环对工件进行研磨。工件由车床带动，其上均匀涂布着研磨剂，用手推动研磨环，工件的旋转和研磨环在工件上沿轴线方向作往复运动进行研磨。一般工件的转速在直径小于80mm时为100r/min，直径大于100mm时为50r/min。研磨环的往复移动速度可根据工件在研磨时出现的网纹来控制，当出现45°交叉网纹时，说明研磨环的移动速度适宜，如图15-8所示。

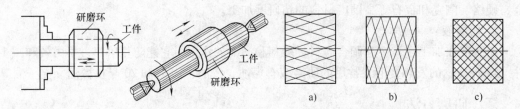

图15-7　外圆柱面的研磨

图15-8　研磨环的移动速度
a）太快　b）太慢　c）适当

（2）内圆柱面的研磨　内圆柱面的研磨与外圆柱面的研磨正好相反，它是将工件套在研磨棒上进行的。研磨时，将研磨棒夹在机床卡盘夹上夹紧并转动，把工件套在研磨棒上进行研磨。机体上大尺寸的孔应尽量置于垂直地面方向进行手工研磨。

3. 圆锥面的研磨

圆锥面的研磨包括圆锥孔和外圆锥面的研磨。研磨用的研磨棒（或环）工作部分的长度应是工件研磨长度的1.5倍，其锥度必须与工件的锥度相同。研磨时，一般在车床或钻床上进行，转动方向应和研磨棒的螺旋槽方向相适应，如图15-9所示。在研磨棒或研磨环槽内均匀地涂上一层研磨剂，将其插入工件锥孔中或套入工件的外表面旋转4~5圈后，将研具稍微拔出些，然后推入研磨，如图15-10所示。研磨至接近要求的精度时，取下研具，擦去研具和工件表面的研磨剂，重新套上研具进行抛光，直至达到加工精度要求为止。

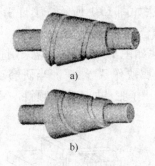

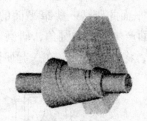

图15-9　圆锥面研磨棒
a）左向螺旋槽　b）右向螺旋槽

图15-10　圆锥面的研磨

4. 研磨原理

研磨过程中既有机械加工作用（物理作用），也有化学作用。研磨时，部分磨料嵌入较软的研具表面层，另一部分磨粒则悬浮于工件与研具之间，构成半固定或浮动的多刃基体。利用工件对研具的相对运动，并在一定压力下，磨料就会对工件表面进行微量的切削、挤压，以去除微量金属而提高表面精度。

5. 研磨时的注意事项

（1）研磨的压力和速度 研磨过程中，研磨的压力和速度对研磨效率及质量有很大影响。压力大，速度快，则研磨效率高；但压力、速度太大，则工件表面粗糙，工件容易因发热而变形，甚至会发生因磨料压碎而使表面划伤。一般对于较小的硬工件或粗研磨时，可用较大的压力、较低的速度进行研磨；而对于大的较软的工件或精研时，则应用较小的压力、较快的速度进行研磨。另外，在研磨过程中，应防止工件发热，若引起发热，应暂停，待冷却后再进行研磨。

（2）研磨中的清洁工作 在研磨过程中，必须重视清洁工作，这样才能研磨出高质量的工件表面。若忽视了清洁工作，轻则将工件表面拉毛，重则会拉出深痕而造成废品。另外，研磨后应及时将工件清洗干净并采取缓蚀措施。

第二节 典型案例——研磨 V 形铁

研磨 V 形铁实训图如图 15-11 所示。

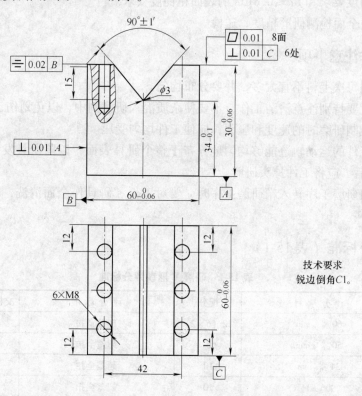

图 15-11 研磨 V 形铁实训图

一、案例分析

研磨是精密加工，研磨剂的正确选用和配制及平面研磨方法的正确与否将直接影响研磨质量。因此，掌握正确的研磨方法是本案例的重点。同时，通过研磨要了解研磨的特点及其使用的工具、材料，并能达到一定的精度和表面粗糙度等要求。

二、实训准备

（1）工具和量具准备　研磨平板、游标万能角度尺、正弦规、刀口形直尺、千分尺、百分表、量块（83块）等。

（2）辅助材料　研磨剂、煤油、汽油、方铁导靠块等。

（3）备料　阶段训练中的 V 形铁，每人一块。

三、操作步骤

1）用千分尺检查工件的平行度，观察其表面质量，确定研磨方法。

2）准备磨料。粗研用 F100 ~ F280 的磨粉，精研用 F20 ~ F40 的微粉。

3）研磨基准面 A。分别用各种研磨运动轨迹进行研磨练习，直到达到表面粗糙度 $Ra \leqslant 0.8\mu m$ 的要求。

4）研磨另一大平面。先测量其对基准面的平行度，确定研磨量，然后进行研磨。保证 $0.01mm$ 的平面度要求和 $Ra \leqslant 0.8\mu m$ 的表面粗糙度要求。

5）用量块全面检测研磨精度，送检。

四、操作注意事项

1）研磨剂每次上料不宜太多，并要分布均匀。

2）研磨时要特别注意清洁工作，不要使杂质混入研磨剂中，以免划伤工件。

3）注意控制研磨时的速度和压力，应使工件均匀受压。

4）应使工件的运动轨迹能够均匀地分布于整个研具表面，以防研具发生局部磨损。在研磨一段时间后，应将工件掉头研磨。

5）在由粗研磨工序转入精研磨工序时，要对工件和研具作全面清洗，以清除上道工序留下的较粗磨料。

五、评分标准（表 15-1）

表 15-1　研磨 V 形铁评分标准

序号	评分项目	配分	评分标准	交检记录	得分
1	$60_{-0.06}^{0}$ mm	12（6×2）	超差全扣		
2	$50_{-0.06}^{0}$ mm	6	超差全扣		
3	$34_{-0.1}^{0}$ mm	10	超差全扣		
4	90°±1′	10	超差全扣		
5	⊥ 0.01 A	5	超差全扣		
6	⊥ 0.01 C	18（3×6）	每超差一处扣3分		
7	▱ 0.01	16（4×4）	每超差一处扣4分		
8	⹀ 0.02 B	10	超差全扣		
9	表面粗糙度 $Ra\mu m$	8（1×8）	每超差一处扣1分		

（续）

序号	评 分 项 目	配分	评 分 标 准	交检记录	得分
10	操作方法正确	5	酌情		
11	安全文明生产	扣分	违反规定者每次扣2分， 严重者扣5～10分		
12	考核时间4h	扣分	每超1h扣5分		
姓名		班级		总分	

单元十六

锉 配

学习目标

1. 了解锉配的作用和类型。
2. 掌握锉配的一般原则。
3. 掌握锉配的技巧和基本方法。
4. 掌握锉配的注意事项。

第一节 锉配基础知识

一、锉配概述

锉配是指综合运用钳工基本操作技能和测量技术，使工件达到规定的形状和尺寸要求，最终正确配合。锉配较客观地反映了操作者掌握钳工基本操作技能和测量方法的能力及熟练程度，并有利于提高操作者分析、判断和综合处理问题的能力。

1. 锉配的应用

锉配的应用十分广泛，其形式多样、灵活。例如，日常生活中的配钥匙，工业生产中的配件，制作各种样板、专用检测，各种注射、冲裁模具的制造及装配调试修理等都离不开锉配。因此，熟练掌握锉配技能，具有十分重要的意义。

2. 锉配的类型

（1）按配合主体分类 可分为平面锉配、角度锉配、圆弧锉配和将上述三种锉配形式组合在一起的混合锉配。

（2）按配合方式分类

1）对配。锉配件可以面对面地修锉配合。配合件一般为对称结构，要求翻转配合、正反配合均能达到配合要求，如图 16-1 所示。

2）镶配。像燕尾槽一样，只能从材料的一个方向插进去。一般要求翻转配合、正反配合均能达到配合要求，如图 16-2 所示。

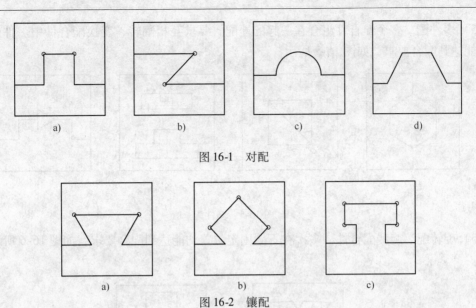

图 16-1 对配

图 16-2 镶配

3）嵌配（镶嵌）。嵌配是把工件嵌装在封闭的形体内，一般要求各方位满足换位翻转配合要求，如图 16-3 所示。

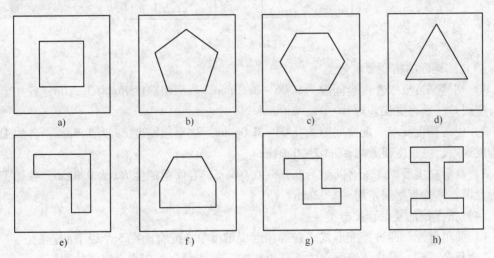

图 16-3 嵌配

4）盲配（暗配）。对称结构，为不许对配的锉配。由他人在检查时锯下，判断配合是否达到规定要求，如图 16-4 所示。

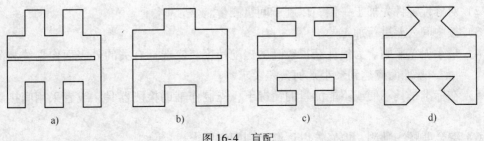

图 16-4 盲配

5）多件配。多个配合件组合在一起的锉配。要求互相翻转，变换配合件中一件的位置时均能达到配合要求，如图16-5所示。

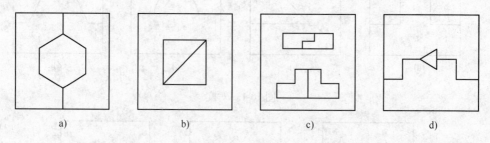

a)　　　　　　　b)　　　　　　　c)　　　　　　　d)

图 16-5　多件配

6）旋转配。旋转配合件，多次在不同固定位置均能达到配合要求，如图16-6所示。

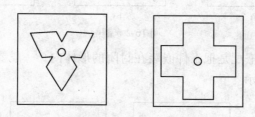

图 16-6　旋转配

（3）按锉配的精度要求分类

1）初等精度要求。配合间隙为 $0.06 \sim 0.10$mm，表面粗糙度 Ra 为 3.2μm，各加工面的平行度误差、垂直度误差均≤$0.04 \sim 0.06$mm。

2）中等精度要求。配合间隙为 $0.04 \sim 0.06$mm，表面粗糙度 Ra 为 1.6μm，各加工面的平行度误差、垂直度误差均≤$0.02 \sim 0.04$mm。

3）高等精度要求。配合间隙为 $0.02 \sim 0.04$mm，表面粗糙度 Ra 为 0.8μm，各加工面的平行度误差、垂直度误差均≤0.02mm。

（4）按锉配的复杂程度分类

1）简单锉配。两种锉配形式，初等精度要求，单件配合面在 5 个以下的锉配。

2）复杂锉配。混合式锉配，中等精度要求，单件配合面在 5 个以上的锉配

3）精密锉配。多级混合式锉配，高精度要求，单件配合面在 10 个以上的锉配。

3. 锉配的一般原则

1）凸件先加工，凹件后加工。

2）对称性零件先加工一侧，以利于间接测量。

3）按中间公差进行加工的。

4）最小误差原则。为保证获得较高的锉配精度，应选择有关的外表面作划线和测量的基准。因此，基准面应达到最小几何公差要求。

5）在标准量具不便或不能测量的情况下，先制作辅助检测器具，或者采用间接测量的方法。

6）综合兼顾、勤测、慎修，以逐渐达到配合要求。

二、锉配注意事项

1. 循序渐进，忌急于求成

锉配是一项综合操作技能，涉及工艺、数学、材料、制图、公差等多学科的知识，且要运用划线、钻孔、锯削、錾削、测量等多种基本操作技能。因此，在加工锉配件时不能急于求成，而要循序渐进，从易到难，从简单锉配到复杂锉配，从初等精度要求开始，逐渐过渡到中等精度要求，逐步掌握。首先打好基础，熟练制作常见锉配件，从而了解和掌握典型锉配件的加工工艺特点和锉配方法，逐渐积累经验，熟练掌握锉配技能和技巧。

2. 精益求精，忌粗制滥造

每制作一种类型的锉配件时，都有不同的加工方法和要求，无疑都是一次挑战，要勇于面对挑战，并用认真的态度、精益求精的精神去做好。在锉配过程中，不能仅仅满足于达到零件的外形要求而粗制滥造，使间隙过大，而应努力达到规定和锉配要求，避免只有形而没有精度。

3. 勤于总结，莫苛求完美

开始练习锉配件的制作时，有些尺寸可能达不到要求，关键是要从失败中找到原因，吸取教训，既要精益求精，又不必苛求完美无缺。综合兼顾是学习锉配时应注意的一个重要问题。

第二节　典型案例——锉配凹凸体和凹凸燕尾槽

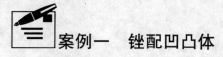

案例一　锉配凹凸体

凹凸体零件如图 16-7 所示。

一、案例分析

凹凸体的锉配是具有对称度要求的典型练习，它对锉削及测量技能要求较高。通过本案例的练习，主要掌握具有对称度要求工件的划线和加工方法；初步掌握具有对称度要求工件的测量方法；特别是能够根据工件的具体加工情况进行间接尺寸的计算和测量，为以后的锉配打下必要的基础。

二、实训准备

（1）工具和量具准备　游标卡尺、千分尺、直角尺、游标高度尺、刀口形直尺、塞尺、锉（粗平锉、中扁锉、细扁锉、细三角锉）、锯弓、锯条若干、划针、金属直尺、样冲、钻头、锤子和錾子等。

（2）备料　毛坯材料为 45 钢，尺寸为 66mm×86mm×6mm，每人一副。

三、操作步骤

1）粗、精锉基准面 B 面，锉平，用刀口形直尺检验其直线度及与 A 面的垂直度。

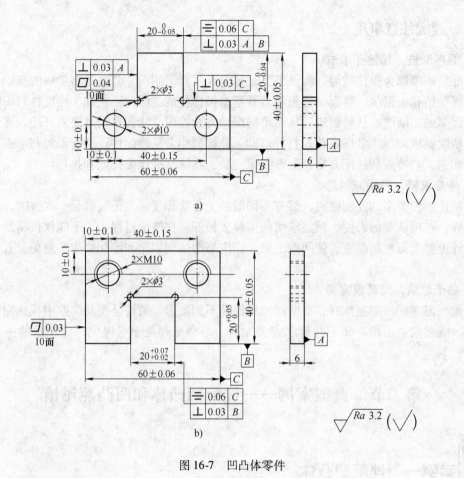

图 16-7 凹凸体零件

a) 件 1 b) 件 2

2) 锉平 C 面, 检验其与 B 面、A 面的垂直度。

3) 划线, 用高度尺划相距 C 面 60mm, 相距 B 面 40mm 的加工线。

4) 粗、精锉 B 面的对面, 保证尺寸 (40±0.05) mm, 且与 B 面平行; 粗、精锉 C 面的对面, 保证尺寸 (60±0.06) mm, 且与 C 面平行, 同时保证与 C 面、A 面垂直。

5) 按图样要求划线。分别以 B 面、C 面为基准, 把凹凸两件按同一尺寸及孔线同时划出, 并打冲眼。

6) 钻孔。钻 $4 \times \phi 3$mm 工艺孔, $2 \times M10$ 螺纹底孔及 $2 \times \phi 10$mm 孔。

7) 加工凸件。

① 按线锯去 B 面与 C 面对面的一直角。粗、细锉两垂直面, 根据 40mm 处的实际尺寸, 通过控制 20mm 的尺寸误差, 达到 $20_{-0.04}^{0}$mm 的尺寸要求。同样, 根据 60mm 处的实际尺寸, 通过控制 40mm 的尺寸误差, 保证在取得尺寸 $20_{-0.05}^{0}$mm 的同时, 保证其对称度在 0.06mm 以内。

② 按线锯去另一直角, 粗、细锉两垂直面。同上述方法, 仍用 40mm 处的实际尺寸, 通过控制 20mm 的尺寸误差, 达到 $20_{-0.04}^{0}$mm 的尺寸要求, 并保证两处 20mm 相同; 对于凸形的 $20_{-0.05}^{0}$mm 的尺寸要求, 可直接测量, 同时还要保证各面与 C 面的垂直度。

8）加工凹件。

① 用钻头钻出排孔，并錾除凹形的多余部分，然后粗、精锉主接触线条（加工余量为 0.1 ~ 0.2 mm）。

② 精锉凹件顶端面，根据 40mm 处的实际尺寸，通过控制 20mm 的尺寸误差值，保证其与凸件端面的配合精度要求。

③ 精锉两侧垂直面，根据外形 60mm 的实际尺寸和 20mm 的尺寸，以 *B* 面为基准，通过控制 20mm 的误差值，来保证其与凸形面 20mm 的配合精度要求。

9）以凸形件为基准，检查凸凹配合的间隙及松紧，锉修凹形件。

10）全部锐边倒角，修光、自检、打标记后交检。

四、注意事项

1）为了能对 20mm 的凸、凹形的对称度进行测量，60mm 处的实际尺寸必须测量准确，并应取其各点的实测值和平均值。

2）加工 20mm 的凸形面时，只能先去掉一直角，待加工至所要求的尺寸公差后，才能去掉另一直角。由于受测量工具（游标卡尺、千分尺）的限制，只能采用间接测量法来得到所需的公差尺寸。

3）为达到配合后的转位互换精度，在加工凸、凹形面时，必须把垂直度误差控制在要求的范围内。

4）为防止锉刀侧面碰坏另一垂直侧面，可修磨锉刀一侧，使其与锉刀面的夹角小于 90°（锉内侧垂直面时），刃磨后用油石修光。

五、评分标准（表 16-1）

表 16-1 锉配凹凸体评分标准

序号	评分项目	配分	评分标准	交检记录	得分
1	$20_{-0.05}^{0}$ mm	3	超差全扣		
2	$20_{-0.04}^{0}$ mm	3	超差全扣		
3	（40 ± 0.05）mm（2 组）	6	超差 1 处扣 3 分		
4	（40 ± 0.15）mm（2 组）	6	超差 1 处扣 3 分		
5	（60 ± 0.06）mm（2 处）	6	超差 1 处扣 3 分		
6	（10 ± 0.1）mm（8 处）	4	超差全扣		
7	$20_{+0.02}^{+0.07}$ mm	5	超差全扣		
8	$20_{0}^{+0.05}$ mm	5	超差全扣		
9	2 × φ10mm（2 处）	6	超差 1 处扣 2 分		
10	2 × M10mm（2 处）	6	超差 1 处扣 2 分		
11	平面度 ≤ 0.03mm（20 面）	10	超差 1 处扣 0.5 分		
12	配合间隙 ≤ 0.10mm（5 处 × 2）	10	超差 1 处扣 1 分		
13	▱ 0.06 *C*	10	超差全扣		

（续）

序号	评分项目	配分	评分标准	交检记录	得分
14	$Ra3.2\mu m$（10 面）	10	超差 1 处扣 1 分		
15	⊥ 0.03 A （10 面）	10	超差 1 处扣 1 分		
16	安全文明生产	扣分	违反规定酌情扣 1～10 分		
17	考核时间 6h	扣分	每超 1h 扣 5 分		
姓名		班级		总分	

案例二　锉配凹凸燕尾槽

凹凸燕尾槽零件如图 16-8 所示。

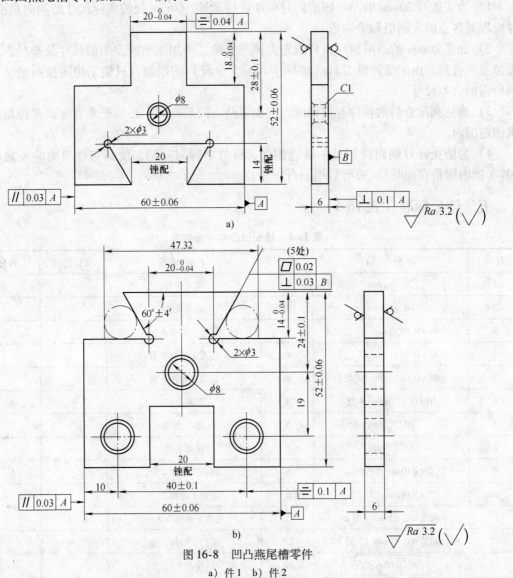

图 16-8　凹凸燕尾槽零件

a) 件 1　b) 件 2

一、案例分析

通过凹凸燕尾槽锉配练习，掌握角度锉配和具有对称度要求的配合件的加工工艺，掌握凹凸燕尾槽锉配的划线方法，掌握选用锉刀的技巧，巩固角度工件的误差检测和修整方法，了解影响锉配精度的因素。只有不断地积累锉配方法，提高操作技能水平，才能为以后熟练掌握锉配技能打下扎实的基础。

二、实训准备

（1）工具与量具准备　游标卡尺、千分尺（0～25mm、25～50mm、50～75mm）、直角尺（100mm×63mm）、高度尺（0～300mm）、刀口形直尺（100mm）、角度样板（120°）、塞尺（0.02～1mm）、游标万能角度尺、芯棒（φ10mm）、钳工锉、整形锉、锯弓、锯条若干、样冲、划针、麻花钻、锤子和錾子等。

（2）备料　件1毛坯尺寸为62mm×54mm×6mm，件2毛坯尺寸为62mm×54mm×6mm。

三、操作步骤

1）按图样要求检查毛坯尺寸。

2）粗、精锉件1和件2的 B 面，锉平，且与 A 面垂直。

3）粗、精锉件1和件2的 C 面，锉平，且与 A 面、B 面垂直。

4）按图样要求在件1和件2上划线，以 B 面为基准相距52mm划加工线，再以 C 面为基准相距60mm划加工线（两件）。

5）粗、精锉 B 面和 C 面的对面，锉平，保证尺寸（60±0.06）mm、（52±0.06）mm。

6）划线，按图样要求划件1和件2的全部加工线（凸凹形、燕尾、孔线），钻4×φ3工艺孔。

7）加工件1。

① 划线，钻排孔，锯、錾去件1凹燕尾处的多余部分。

② 粗锉件1燕尾槽，留精锉余量。

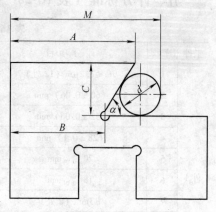

图 16-9　燕尾槽测量示意图

③ 精锉燕尾槽，为保证燕尾的对称度要求，需用芯棒间接测量，如图16-9所示。

测量尺寸 M 与样板尺寸 B 及心棒直径之间的关系如下

$$M = B + \frac{d}{2}\cos\frac{\alpha}{2} \pm \frac{d}{2}$$

式中　M——间接工艺控制尺寸（mm）；

　　　B——图样技术要求尺寸（mm）；

　　　d——圆柱测量棒直径（mm）；

　　　α——斜面角度值。

④ 加工件 1 凸处，方法同前。

8）加工件 2。

① 锯去 B 面和 C 面对面燕尾槽的余料。

② 粗锉 B 面 C 面对面的燕尾槽。

③ 精锉 B 面 C 面对面的燕尾槽，尺寸应根据 52mm 的实际尺寸，通过控制 24mm 的尺寸误差值，来保证 $14_{-0.04}^{0}$ mm 的尺寸。除需要用游标万能角度尺或样板检查其角度外，还应控制其位移度。

④ 锯、粗、精锉另一燕尾槽，保证角度尺寸，用双芯棒间接测得尺寸为 47.32mm。

⑤ 钻、锯，粗、精锉件 2 凹槽处达尺寸要求。

9）按件 1 配锉件 2 的凹槽，并用 0.05mm 的塞尺进行检查（不得塞入），达到配合要求。

10）按件 2 配锉件 1 燕尾槽处达到配合要求，配合间隙 $\leqslant$ 0.1mm。

11）全部锐边倒角，修光，打标记，交检。

四、注意事项

1）为保证翻转配合，60°角要锉好、锉正。

2）锉配时，凸件的上平面、凹件的下面不能锉，而只能锉修凸件的两个肩处和凹件的凹面。锉配燕尾槽处时，也要采用同样的方法。

五、评分标准（表 16-2）

表 16-2　凸凹燕尾槽锉配评分标准

工件	序号	评分项目	配分	评分标准	交检记录	得分
件1	1	$Ra \leqslant 3.2\mu m$（12 处）	6	超差 1 处扣 0.5 分		
	2	(60 ± 0.06) mm	4	超差全扣		
	3	(52 ± 0.06) mm	4	超差全扣		
	4	(28 ± 0.1) mm	4	超差全扣		
	5	$20_{-0.04}^{0}$ mm	4	超差全扣		
	6	$18_{-0.04}^{0}$ mm	4	超差全扣		
	7	$\phi 3$mm（2 处）	2	超差一处扣 1 分		
	8	$\parallel$ | 0.03 | A	4	超差全扣		
	9	$=$ | 0.04 | A	4	超差全扣		
	10	$\perp$ | 0.1 | A	4	超差全扣		
件2	11	$Ra \leqslant 3.2\mu m$（12 处）	6	超差一处扣 0.5 分		
	12	$20_{-0.04}^{0}$ mm	4	超差全扣		
	13	(60 ± 0.06) mm	4	超差全扣		
	14	(52 ± 0.06) mm	4	超差全扣		
	15	(40 ± 0.1) mm	4	超差全扣		

（续）

工件	序号	评分项目	配分	评分标准	交检记录	得分
件2	16	(24 ± 0.1) mm	4	超差全扣		
	17	$14_{-0.04}^{0}$ mm	4	超差全扣		
	18	$\phi3$（2处）	3	超差1处扣1分		
	19	＝ 0.1 A	4	超差全扣		
	20	⊥ 0.03 B	5	超差全扣		
	21	∥ 0.03 4	4	超差1处扣1分		
	22	▱ 0.02	5	超差全扣		
配合	23	凸凹件配合间隙≤0.1mm（5处）	5	超差1处扣1分		
	24	燕尾槽60°配合间隙≤0.1mm（2处）	4	超差1处扣2分		
	25	安全文明生产	扣分	酌情扣1～10分		
	26	考核时间12h	扣分	每超1h扣5分		
姓名			班级		总分	

参 考 文 献

[1]　文超珍．公差配合与测量［M］．北京：机械工业出版社，2008．

[2]　顾淑群．机械基础［M］．北京：人民邮电出版社，2009．

[3]　彭敏．钳工实用技术［M］．长春：吉林科学技术出版社，2008．

[4]　金大鹰．机械制图［M］．2版．北京：机械工业出版社，2011．

[5]　姜波．钳工工艺学［M］．北京：中国劳动社会保障出版社，2005．

[6]　朱仁盛．机械制图与技术测量［M］．北京：中国劳动社会保障出版社，2007．

[7]　陈刚．钳工［M］．北京：中国劳动社会保障出版社，2007．

[8]　屠文举．机械制图［M］．北京：中国劳动社会保障出版社，2007．

[9]　朱江峰．钳工生产实习［M］．北京：中国劳动社会保障出版社，1996．

[10]　门佃明．钳工操作技术［M］．北京：化学工业出版社，2006．

[11]　董永华，冯忠伟．钳工技能实训［M］．北京：北京理工大学出版社，2006．

[12]　谢增明．钳工技能实战训练［M］．北京：机械工业出版社，2007．

[13]　苏伟，滕少锋．机械加工技能实训（钳工）［M］．长春：东北师范大学出版社，2008．